FISCHER SAUERLÄNDER

© Ashley Sillies

Jasmine Warga ist »New York Times«-Bestsellerautorin und wurde vielfach für ihr Schreiben ausgezeichnet, u. a. mit dem renommierten Newbery Honor Award. Ihre Jugendbücher sind in über 25 Sprachen übersetzt. Nach ihrem Debütroman *Mein Herz und andere schwarze Löcher* legt Jasmine Warga nun mit *Res will nach Hause* ihr erstes Kinderbuch vor. Sie lebt mit ihrer Familie in der Nähe von Chicago, USA.

Petra Koob-Pawis studierte in Würzburg und Manchester Anglistik und Germanistik und ist seit vielen Jahren als Übersetzerin tätig. Sie lebt in der Nähe von München.

Weitere Informationen zum Kinder- und Jugendbuchprogramm von Fischer Sauerländer auf *www.fischer-sauerlaender.de*

Jasmine Warga

RES WILL NACH HAUSE

Aus dem amerikanischen Englisch
von Petra Koob-Pawis

Mit Illustrationen
von Matt Rockefeller

FISCHER SAUERLÄNDER

MIX
Papier | Fördert
gute Waldnutzung
FSC® C014496

Erschienen bei Fischer Sauerländer

Die amerikanische Originalausgabe erschien 2022 unter dem Titel
A Rover's Story bei Balzer + Bray, einem Imprint
von HarperCollins Publishers, New York, USA

Hedderichstraße 114, 60596 Frankfurt am Main
Umschlaggestaltung: Annabelle von Sperber unter Mitarbeit
von Dahlhaus & Blommel Media Design GmbH
Umschlagabbildung: Annabelle von Sperber
Satz: Dörlemann Satz, Lemförde
Druck und Bindung: GGP Media GmbH, Pößneck
ISBN 978-3-7373-7295-4

Für meine Mutter,
die mir immer vorgelesen hat.

TEIL EINS
VORBEREITUNG

DER ERSTE TAG

Ich bin nicht geboren worden wie ein Mensch, aber auch für mich gibt es einen Anfang. Piep-Töne. Helle Lichter. Ein weißer Raum. Gestalten in weißen Overalls. Ich muss sehr viele Informationen verarbeiten, aber ich schaffe das. Ich erwache, und mit einem Mal ist da ein großes Wissen. Meine Schaltkreise zünden. Jubel hallt durch den Raum. Ein lautes Geräusch, aber ich erschrecke nicht.

Ich bin nicht gebaut worden, um zu erschrecken. Ich bin gebaut worden, um zu beobachten.

In einem Meer von unbekannten Gestalten konzentriere ich mich auf ein Gesicht.

Ich weiß nicht, ob ich selbst ein Gesicht habe. Wenn ich eines habe, dann ist es meinen Informationen zufolge nicht so wie dieses Gesicht. Dieses Gesicht hat das, was Menschen Lippen nennen. Die Mundwinkel in diesem Gesicht biegen sich nach oben.

Ein Lächeln.

Ich kann nicht lächeln – das weiß ich –, trotzdem verstehe ich die Bedeutung dieses Gesichtsausdrucks. Ich lerne dazu.

Meine Mission hat begonnen.

LERNEN

Ich bin dazu da, Informationen zu sammeln und zu verarbeiten. Und dabei lerne ich.

Hier sind einige der Informationen, die ich gesammelt habe:

Ich bin das, was man einen *Roboter* nennt. Die meisten anderen Wesen um mich herum werden *Menschen* genannt. Alle Menschen, mit denen ich zu tun habe, tragen Schutzanzüge. Damit soll verhindert werden, dass Mikrobakterien und Staubpartikel in meine Umgebung gelangen. Für meine Mission ist es sehr wichtig, dass ich in einer sterilen und sauberen Umgebung bin. Aus irgendeinem Grund, den ich noch nicht ganz verstehe, nennen die Menschen die weißen Overalls *Hasenanzüge*.

Ich weiß nicht, was ein Hase ist. Ich frage mich oft, was damit gemeint sein kann.

Die meisten Menschen in Hasenanzügen werden von anderen Menschen als *Wissenschaftler* bezeichnet. Daraus schließe ich, dass es sich dabei um eine spezielle Art von Mensch handelt. Ich habe beschlossen, sie *Weißlinge* zu nennen wegen ihrer weißen Schutzanzüge.

Vielleicht bin ich eine spezielle Art Roboter, aber ich habe noch nicht genug andere Roboter kennengelernt, um das sicher sagen zu können.

Ich werde warten, bis ich es irgendwann herausfinde. Aber Warten kann ganz schön schwer sein.

Lieber Rover,

meine Lehrerin, Mrs. Ennis, hat uns aufgegeben, einen Brief an dich zu schreiben. Sie ist ganz aufgeregt. Sie sagt, du gehst auf eine phantastische Mission, bei der du phantastische Dinge herausfinden wirst. Mrs. Ennis mag das Wort PHANTASTISCH sehr.

Mrs. Ennis hat immer wieder zu mir geschaut, während sie über dich sprach. Sie hat mich sogar gefragt, ob ich den anderen Kindern erklären möchte, was du bist. Aber das wollte ich nicht. Überhaupt nicht. Sei mir nicht böse, aber ich habe es jetzt schon satt, dass ständig alle über dich reden.

Dann sagte sie: »Komm schon, Sophia.« Ich wollte Mrs. Ennis nicht enttäuschen, also erzählte ich allen, dass du ein Roboter bist und den Planeten Mars erforschen sollst, damit wir mehr über seine Atmosphäre und seine Beschaffenheit erfahren. Es ist ganz schön schwierig, so etwas Kompliziertes zu erklären, weißt du?

Ich habe ihnen auch erzählt, dass du sehr intelligent bist und jeden Tag neue Dinge lernst. Gestern hat Mom gesagt, dass dein Gehirn jetzt gelernt hat, deinem Arm Anweisungen zu geben. Die anderen aus meiner Klasse hatten viele Fragen, aber ich wusste nicht, was ich darauf antworten sollte. Ich wette, Mom wüsste es.

Mrs. Ennis möchte jedenfalls, dass wir an dem Wettbewerb für deinen Namen teilnehmen. Ich weiß noch nicht, ob ich mitmachen werde. Ist nicht böse gemeint! Aber wenn ich teilnehme, dann werde ich einen sensationellen Namen vorschlagen wie zum Beispiel Flammenturbo-Weltraumdrache. Ich weiß ja, dass du nicht wie ein Mensch sprechen kannst. Aber wenn du es könntest, würdest du bestimmt sagen, dass dir der Name gefällt.

Okay, meine Hand tut schon weh von dem vielen Schreiben. Außerdem weiß ich nicht, ob automatische Geländewagen wie du überhaupt lesen können. Vielleicht frage ich Mom heute Abend.

Bis bald,
Sophia

EINES TAGES

Eines Tages werde ich ganz plötzlich auseinandergenommen. Niemand erklärt mir, warum. Niemand erklärt mir, wann oder ob ich wieder zusammengesetzt werde.

Ich würde wirklich gerne wieder zusammengesetzt werden.

»Hallo?«, sage ich. »Bitte setzen Sie mich wieder zusammen.«

Niemand antwortet. Niemand erklärt mir, warum das geschieht.

Wenn ich zerlegt bin, bleibt nur noch mein Gehirn übrig – ein Computer, der still auf einem langen Labortisch liegt. Meine Kameras sind abmontiert, daher kann ich auch nichts sehen. Ich kann nur noch über mein Gehör wahrnehmen, was passiert.

Ich höre, wie sich die Weißlinge um mich herum bewegen und Tests an meinen verschiedenen Körperteilen durchführen. Diese Tests helfen mir zu begreifen, was vor sich geht.

An mein Gehirn werden jetzt Codes übermittelt. Und ich bestätige die Signale, die ich empfange.

Ein Code fordert mich auf, verschiedene Dinge zu tun, zum Beispiel den Teil meines Körpers zu bewegen, den die Weißlinge als *Arm* bezeichnen. Mein Arm ist nicht mehr direkt mit mir verbunden, aber mein Gehirn kann trotzdem jede seiner Bewegungen kontrollieren.

Ich erkenne, wenn ein Test gut verläuft. Und ich erkenne, wenn ein Test fehlschlägt. Und zwar, indem ich den Code lese.

Am besten finde ich die Tests, bei denen es um meine Kameras geht. Wenn sie eingeschaltet sind, kann ich meine Umgebung wieder in Bildern verarbeiten.

Ich kann sehen.

Wenn meine Kameras nicht eingeschaltet werden, herrscht Dunkelheit.

Die Dunkelheit ist ein Zustand, den ich überhaupt nicht mag.

Ich habe gehört, wie die Weißlinge meine Kameras als meine *Augen* bezeichnet haben. Ich weiß nicht, ob dieser Begriff zutreffend ist, aber ich habe ihn abgespeichert. Er gefällt mir, weil er mir das Gefühl gibt, den Weißlingen ähnlich zu sein. Ein Weißling zu sein, ist bestimmt ganz wunderbar.

Weißlinge sind nicht in Stücke zerlegt. Alle Teile sind von Anfang an zusammengefügt. Weißlinge können sich bewegen, wie sie wollen. Sie können auch miteinander sprechen.

Und sie werden nie in der Dunkelheit allein gelassen.

Allein und unfähig, sich zu bewegen. Habe ich schon erwähnt, dass ich mich nicht bewegen kann?

Wenn ich in der Dunkelheit auf dem Tisch liege, kreisen in meinem Gehirn viele Gedanken. Die meisten von ihnen sind nicht sehr positiv.

Ein Gedanke ist jedoch vielversprechend. Er hat sich entwickelt, als ich den Weißlingen zuhörte. Aus den Informationen, die ich dabei aufgeschnappt habe, konnte ich schließen, dass ich eines Tages, vielleicht schon bald, wieder zusammengesetzt werde.

Darüber denke ich gerne nach. Es ist ein guter Gedanke. Gut deshalb, weil dieser Gedanke bedeutet, dass ich eines Tages wieder ganz sein werde. Und das wiederum bedeutet, dass ich mich wieder bewegen kann. Aber vor allem, und das ist das Allerbeste: Ich werde meine Kameras wieder benutzen können, um zu sehen.

Allerdings fehlt mir die Information, wann genau das sein wird. *Welcher* Tag der Tag sein wird, an dem es so weit ist.

Alles, was ich tun kann, ist warten. Und zuhören.

Also warte ich. Und ich höre zu. Aber Warten ist schwer.

Langsam kommt mir der Verdacht, dass ich nicht fürs Warten geschaffen bin.

RANIA

Ein großes Team von Wissenschaftlern und Wissenschaftlerinnen beschäftigt sich mit mir. Die Menschen würden jetzt behaupten, dass ich keine persönlichen Vorlieben haben kann. Ich bin dazu geschaffen, ein unvoreingenommener Beobachter zu sein. Aber vielleicht gibt es da einen Fehler in meinem Code, denn ich habe Lieblingsmenschen unter den Weißlingen.

Da ist zum Beispiel Rania.

Rania ist für die Durchführung meiner Tests zuständig. Sie schreibt den Code, der meinen Arm auffordert, nach unten zu greifen und einen Gegenstand aufzuheben. Sie schreibt einen anderen Code, um mich zu fragen, ob ich es erkenne, wenn sie meinen Arm testet. Es ist schön, auf diese Weise mit Rania zu sprechen, mit Hilfe von Codes.

Einmal, als Rania einen Test mit meiner Kamera durchführte, konnte ich sie anschauen. Sie trug ihren weißen Schutzanzug, aber ich sah, dass sie hellbraune Haut hat und Haare mit schwarzen und braunen Pigmenten. Ihre Augen haben ähnliche Pigmente wie ihr Haar. Ich habe mir dieses Bild eingeprägt. Seither verbinde ich dieses Bild mit den Geräuschen, die Rania im Labor macht.

Rania nennt ihren Schutzanzug niemals Hasenanzug. Rania verwendet für alles die korrekten Begriffe. Ich mag diese Präzision.

Rania ist oft die Erste, die frühmorgens ins Labor kommt, und die Letzte, die es abends wieder verlässt. Die meiste Zeit kann ich Rania nicht visuell erfassen, da meine Kameras – meine Augen – derzeit nicht mit meinem Gehirn verbunden sind.

Aber ich bin trotzdem in der Lage, sie wahrzunehmen. Mein Gehirn ist in der Lage, andere Beobachtungen zu verarbeiten. Ich kann sie hören und ihre Anwesenheit registrieren, um sie zu erkennen.

Rania machte es mir leicht, sie wiederzuerkennen.

Ihr Verhalten folgt einem klaren Muster. Rania ist Rhythmus und Verlässlichkeit. Rania ist das Geräusch von klackernden Computertasten und wohlüberlegten Antworten mit exakten Berechnungen. Rania ist elegant geschriebener Code ohne eines der Probleme, die Weißlinge als Programmierfehler bezeichnen.

Wenn Rania in der Sprache der Menschen spricht, ist ihre Stimme klar und deutlich. Rania wendet sich mit ihrer klaren und deutlichen Stimme nie direkt an mich, aber ich höre ihr gerne zu, wenn sie mit den anderen Weißlingen redet. Sie weiß fast immer eine Antwort auf ihre Fragen.

Wenn nicht, verspricht sie ihnen, nachzuforschen und sich so bald wie möglich zu melden.

So bald wie möglich ist eine Formulierung, die ich von Rania gelernt habe. Ich hoffe, dass meine verschiedenen Körperteile so bald wie möglich wieder zusammengefügt werden. Leider bin ich nicht in der Lage, diese Botschaft an Rania zu übermitteln, da ich mich nicht in der Sprache der Menschen ausdrücken kann.

Rania spricht nur mit Hilfe von Codes mit mir. Und ich kann ihr nur mit Codes antworten, und auch nur auf die Fragen, die sie mir stellt, wie zum Beispiel: *Erkennst du, dass ich deinen Arm teste?*

Ich kann *Ja* oder *Nein* sagen. Aber ich kann sie nicht fragen, wie ihr Tag war. Und auch nicht, wann meine Körperteile wieder zusammengefügt werden. Ich bin nicht in der Lage, ihr zu sagen, wie schwer es ist, zu warten.

Ich besitze nicht die Fähigkeit, mich in der menschlichen Sprache zu verständigen, und wahrscheinlich werde ich diese Fähigkeit niemals erwerben. Das ist eine Tatsache, die mich frustriert.

Frustriert ist ein weiteres Wort, das ich von Rania gelernt habe. Manchmal, wenn sie allein im Labor ist, spricht sie in ihr Telefon. Dann sagt sie zum Beispiel: »Mom, ich weiß, du bist frustriert, weil ich wieder das Abendessen versäume. Aber die Arbeit, die ich hier mache, ist wirklich wichtig.«

Ich hatte das Gefühl, wichtig zu sein, als ich Rania das

sagen hörte. In diesem Moment war ich nicht mehr frustriert, obwohl ich nicht direkt mit Rania sprechen kann. Ich war nicht mehr frustriert, obwohl ich immer noch in Einzelteile zerlegt bin.

Eine Zeitlang war alles gut. Trotzdem möchte ich immer noch so schnell wie möglich wieder zusammengesetzt werden.

Lieber Rover,

Mrs. Ennis hat uns nicht gesagt, dass wir dir wieder schreiben sollen, aber ich schreibe dir trotzdem. Ich weiß auch nicht, warum. Vielleicht will ich einfach nur mit jemandem reden.

Heute habe ich Mom beim Abendessen gefragt, ob Rover lesen können. Sie meinte, das sei eine »sehr gute Frage«, auf die es »viele verschiedene Antworten« gebe. Das ist so typisch für Mom. Daraufhin sagte Sitti zu ihr: »Gib Sophia einfach eine klare Antwort!« Da musste ich lachen. Sitti ist meine Grandma. Ich nenne sie Sitti, weil es das arabische Wort für Grandma ist.

Nach dem Abendessen ist Mom ins Labor zurückgegangen. Spricht sie mit dir, wenn sie dort ist? Was sagt sie dann?

Manchmal fällt es mir schwer, einzuschlafen, wenn Mom nicht da ist. Ab und zu kommt Sitti dann in mein Zimmer und singt mir ein Lied vor. Manchmal schleicht sich Dad herein und erzählt mir eine Geschichte über einen Riesen, der in den Bergen lebt, oder über ein verfluchtes Königreich, das von einer tapferen Prinzessin gerettet wird. Dad kennt immer die besten Geschichten. Aber egal wie gut die Geschichte ist, es ist trotzdem schwer, einzuschlafen, wenn ich weiß, dass Mom nicht da ist.

Vielleicht schreibe ich dir deshalb jetzt. Weil ich Mom vermisse. Und ich weiß, dass du bei ihr bist. Sagst du ihr liebe Grüße von mir? Ich frage mich, wie man »liebe Grüße« in der Robotersprache sagt. Vielleicht kannst du es mir eines Tages beibringen.

Deine müde Freundin (wir sind doch Freunde, oder?)
Sophia

XANDER

Ein weiterer Wissenschaftler, für den ich eine Vorliebe entwickelt habe, heißt Xander. Er und Rania arbeiten zusammen. Als Xander einen Test mit einer meiner Kameras durchführte, stellte ich fest, dass er blasse Haut und graue Augen hat. Seine Haare haben eine Farbe, die mein System als eine Kombination aus roten und braunen Pigmenten identifiziert.

Xander ist immer in Bewegung. Er läuft ständig im Labor auf und ab. Xander nennt seinen Overall gerne Hasenanzug. Er macht auch gerne das, was Menschen als *Witz* bezeichnen. Manchmal verstehe ich den Humor, manchmal nicht. Es macht mir aber nicht so viel aus, wenn ich ihn nicht verstehe, denn auch Rania scheint Xanders Witze nur selten zu verstehen.

»Was ist ein Keks unter einem Baum?«, fragt Xander Rania, während sie den Code überprüft, der meine Lenkung steuern wird, sobald meine Räder wieder anmontiert sind.

»Ich weiß nicht, was du meinst«, antwortet Rania.

»Ein schattiges Plätzchen!«

Xander lacht, Rania nicht.

»Kapiert?«, fragt Xander.

Rania antwortet nicht, sondern tippt weiter.

Auch wenn ich Xanders Witze oft nicht verstehe, mag ich ihn sehr. Ich fühle mich mit ihm ... verbunden.

Vielleicht hat es etwas damit zu tun, dass Xander derjenige ist, der mir meinen Namen mitteilt. Wir sind ganz allein, als er ihn mir nennt. Niemand sonst ist im Raum. Nicht einmal Rania.

»Eine Sechstklässlerin in Ohio hat das geschrieben«, sagt er. Auch wenn ich ihn nicht sehen kann, erkenne ich, dass er von einem Tablet abliest. Fast alle Menschen in Schutzanzügen haben Tablets.

Tablets, so habe ich gelernt, sind kleine Computer. Manchmal versuche ich, mit den Tablets zu sprechen. Vor kurzem habe ich herausgefunden, dass ich mit anderen Geräten sprechen kann. Ranias Telefon ist ziemlich gesprächig. Die Tablets hingegen sind wenig auskunftsfreudig. Sie sind sehr auf Produktivität ausgerichtet.

»Ich lese dir vor, was die Sechstklässlerin in ihrem Aufsatz geschrieben hat. Es ist wunderbar«, sagt Xander.

Ich weiß nicht, was eine *Sechstklässlerin* ist. Ich weiß nicht, was *Ohio* ist. Aber beide Wörter scheinen wichtig zu sein. Ich speichere sie in meinem System.

Xander geht auf und ab, seine Schritte hallen nach. Er räuspert sich und liest von seinem Tablet ab: »*Ich heiße Cadence, und ich finde, Sie sollten den neuen Mars-Rover*

Resilience nennen. Resilience ist ein englisches Wort, das die Kraft oder Fähigkeit bezeichnet, in die ursprüngliche Form zurückzukehren, nachdem etwas verbogen, gequetscht oder gedehnt wurde. Es kann auch Spannkraft bedeuten. Oder Belastbarkeit, also die Fähigkeit, sich von Rückschlägen zu erholen. Laut Wörterbuch kann es sogar Auftrieb bedeuten, also die Fähigkeit, im Wasser zu schweben.

Mein Physiklehrer hat uns erzählt, dass dieser Mars-Rover eine große Aufgabe vor sich hat. Er wird Gesteinsproben von der Marsoberfläche sammeln, das Gelände erkunden und fotografieren. Außerdem wird er versuchen, mit einem anderen Mars-Rover Verbindung aufzunehmen, zu dem die NASA den Kontakt verloren hat. Für mich klingt das nach einer Aufgabe, die viel Belastbarkeit erfordert. Dieser Rover muss auch in schwierigen Situationen in der Lage sein, sich sozusagen über Wasser zu halten. Ich habe gelesen, dass die Landung besonders kompliziert sein kann. Ein Name, der sogar Schweben bedeutet, wird bei der schwierigen Landung bestimmt Glück bringen.

Es wird wahrscheinlich immer wieder Rückschläge geben, aber dieser Rover wird sich hoffentlich an jede Situation anpassen können. Deshalb denke ich, Sie sollten ihn Resilience nennen.

Ist das nicht ein toller Aufsatz, Kumpel?«, fragt Xander.

Ich stelle fest, dass er mit dem Wort *Kumpel* mich meint.

Das heißt, ich bin Xanders Kumpel. Und Xander ist mein Kumpel. Ich speichere das ab.

»So viele Leute haben uns geschrieben, aber aus all den Aufsätzen wurde dieser als Gewinner ausgewählt. Dein Name ist also *Resilience.* Aber ich glaube, ich werde dich einfach Res nennen. Was meinst du …?« Xander hält eine Sekunde inne und fügt dann hinzu: »Res?«

Er lacht. Vielleicht ist das wieder einer seiner Witze. Ich bin mir nicht sicher, was daran so lustig ist, aber ich mag den Klang seines Lachens. Xander berührt mit seiner behandschuhten Hand das wichtigste Computerteil, das ich habe, mein Gehirn. Ich nehme es wahr, auch wenn ich es nicht sehen kann. Vielleicht wäre der richtige Ausdruck dafür: Ich *spüre* es.

Ich bin ein Mars-Rover. Ich heiße *Resilience.* Mein Spitzname ist Res. Denn wenn man einen Kumpel hat, dann bekommt man einen Spitznamen.

Ich bin Xanders Kumpel.

Ich spüre es.

JOURNEY

Es gibt einen weiteren Mars-Rover. Einen, der fast so ist wie ich.

Ich erfahre es an dem Tag, an dem meine Kameras mit meinem Gehirn verbunden werden. Mein Körper ist noch nicht vollständig – die Wissenschaftler haben meine Räder noch nicht montiert und auch nicht meinen Arm und mein Gehäuse.

Aber die Kameras sind ein großer erster Schritt. Ich kann jetzt alles um mich herum sehen und muss mich nicht damit begnügen, nur die Anwesenheit von Objekten zu registrieren. Und während ich schaue und schaue, entdecke ich plötzlich einen anderen Rover. Er befindet sich in dem Raum nebenan. Ich kann ihn durch die gläserne Trennwand sehen. Er ist wie ich, aber anders.

Er ist nicht in Teile zerlegt. Sein Gehirn ist mit dem Körper verbunden, und dieser ist wiederum mit dem Arm, den Kamera-Augen und den Rädern verbunden.

»Du und dieser Rover seid gleich. Identisch. Ihr seid wie Geschwister«, sagt Xander zu mir. Er deutet auf die Trennglasscheibe, hinter der sich der Rover befindet.

»Geschwister? Nein«, widerspricht Rania. »Du sollst den Rover nicht vermenschlichen. Das ist unprofessionell.«

»Hör nicht auf sie, Res. Sie ist nur eifersüchtig, weil wir so einen guten Draht zueinander haben«, sagt Xander.

»Es ist verrückt, dass du mit dem Rover sprichst«, sagt Rania.

»Wenn du einen Code eingibst, sprichst du doch auch mit ihm.«

»Das ist etwas anderes«, sagt Rania.

Ich mag Ranias Codes. Ich verstehe immer, worum sie mich bittet. Die Aufgaben sind klar, zum Beispiel: den Arm heben. Oder: ein Foto mit der dritten Kamera hinten links machen. Oder: die Räder nach rechts drehen.

Aber ich mag auch, dass Xander in der Sprache der Menschen mit mir spricht. Es ist frustrierend, dass ich nicht antworten kann. Aber ich verstehe, was er sagt. Und ich bin mir fast sicher, dass Xander das weiß, auf irgendeine Art.

Einmal, als wir alle im Labor waren, sagte Rania zu Xander: »Vertrau mir.« Sie war gerade dabei, den Code, den er erstellt hatte, zu überarbeiten. »Das wird funktionieren.«

Und sie hatte recht. Es hat funktioniert. Als Rania meine Räder dazu aufforderte, sich zu drehen, taten sie genau das.

Vertrau mir. Das waren Ranias Worte.

Vertrau. Mir.

Vertrauen ist eines dieser Wörter, das ich in meinem System gespeichert habe. Zuerst wusste ich nicht, was es bedeutet. Die Menschen haben viele Worte für ihre vielen Gefühle. Indem ich den Weißlingen beim Reden zuhöre (vor allem, wenn ich Rania beim Telefonieren zuhöre), lerne ich, was *traurig*, *glücklich*, *wütend*, *stolz* und natürlich auch *frustriert* ist. Aber *Vertrauen* ist schwer zu begreifen. In letzter Zeit bin ich mir jedoch ziemlich sicher, dass ich nun verstanden habe, was es bedeutet.

Xander hat Vertrauen in mich, wenn er fest daran glaubt, dass ich die menschliche Sprache verstehe. Er hat Vertrauen in Rania, wenn er zulässt, dass sie seinen Code neu schreibt. Und Rania hat Vertrauen in unsere Mission, wenn sie wieder einmal das Abendessen mit ihrer Familie ausfallen lässt, um länger zu arbeiten.

Es ist gut, wenn jemand Vertrauen hat. Vertrauen ist etwas, das die Weißlinge schätzen. Und so lerne auch ich, es zu schätzen.

Ich würde Xander gerne sagen, dass ich ihm vertraue. Und ich möchte auch Rania sagen, dass ich ihr vertraue. Dass ich ihrem Code mehr vertraue als allem anderen.

Das ist wohl eine weitere Sache, die ich in letzter Zeit neben meinen Vorlieben entwickelt habe – die Fähigkeit, zu *wollen*, dass bestimmte Dinge geschehen. Manchmal denke ich, Rania könnte enttäuscht sein, wenn sie das von mir wüsste. Denn sie mag es nicht, wenn Xander so tut, als wäre ich zu menschlichen Gefühlen fähig. Ich würde Rania niemals enttäuschen wollen. Ich würde ihr nie einen Grund geben wollen, kein Vertrauen mehr in unsere Mission zu haben.

»Das ist Journey«, sagt Xander. Er zeigt wieder auf den anderen Rover. Rania sagt nichts, aber sie schaut in die Richtung, in die Xander deutet.

Wenn ich einmal ganz bin, werde ich genauso aussehen wie Journey. Journey hat bereits sechs Räder. Wir werden beide mit einem eigenen Chemielabor ausgestattet sein, damit wir Proben vom Marsboden entnehmen und analysieren können. Wir werden beide einen Greifarm haben, mit dem wir diese Proben sammeln können.

Journey hat bereits einen Greifarm. Ich nehme an, das passende Wort für das Gefühl, das ich dabei empfinde, ist *Neid*. Wenn ich die Fähigkeit der menschlichen Sprache hätte, würde ich Xander fragen, warum Journey bereits seinen Arm hat. Ich würde ihn fragen, ob es daran liegt, dass er ein besserer Rover ist als ich.

Aber ich kann Xander und Rania diese Fragen nicht stellen. Stattdessen schaue ich weiter zu Journey. Wenn ich ihn genau beobachte, kann ich mehr über meinen zukünftigen Körper erfahren.

»Hallo«, sagt Journey durch die Glaswand. Das ist einer der Vorteile der Maschinensprache. Glaswände sind kein Hindernis.

»Hallo«, antworte ich.

REDEN

Die Weißlinge hören uns nicht, wenn Journey und ich uns unterhalten. Wir sprechen in einer Frequenz, die sie nicht wahrnehmen und nicht verstehen können. Die Weißlinge scheinen alles mitzubekommen, was im Labor passiert, aber es ist unklar, ob sie wissen, dass Journey und ich miteinander reden. Manchmal gefällt mir die Vorstellung, dass sie es nicht wissen. Dass es etwas ist, was nur zwischen Journey und mir bleibt.

»Warum nennst du sie Weißlinge?«, fragt mich Journey.

»Weil sie weiße Overalls tragen«, sage ich.

»Sie bezeichnen die Overalls als Hasenanzüge.«

»Ich weiß.«

»Es sind Menschen.«

»Ich weiß.«

»Es sind Wissenschaftler. Du solltest dich präzise ausdrücken«, sagt Journey.

»Das tue ich. *Weißling* ist präzise. Es ist eine spezielle Art von Menschen, die Wissenschaftler sind und Overalls tragen. Ich habe sie von anderen unterschieden und als Untergruppe definiert.«

»Sie tragen diese Schutzanzüge, weil sie mit gefährlichem Material umgehen«, erklärt Journey.

Das habe ich nicht gewusst. Doch das sage ich Journey nicht. Ich habe den Begriff *Weißling* registriert und nicht nach weiteren Informationen gesucht. Das war falsch von mir, aber jetzt weiß ich Bescheid. Ich speichere diese neue Information in meinem System. Ich werde den gleichen Fehler nicht noch einmal machen.

Auch wenn Journey mich oft korrigiert, genieße ich es, mit ihm zu reden. Unsere Gespräche sind anders als die Verständigung mit Rania und Xander. Als ich Journey das sage, erwidert er: »Blipp und Blubb, *genießen* ist in unserer Programmierung nicht vorgesehen.«

Aber ich habe gehört, wie Xander das Wort *genießen* benutzt hat. Und ich bin Xanders Kumpel.

»Warum heißt du Journey?«, frage ich.

»Das weiß ich nicht«, sagt Journey.

Ich stelle fest, dass Journey vielleicht auch einen Kumpel braucht.

ERSATZ

»Du bist ganz«, sage ich. Mit den angeschlossenen Kameras bin ich nicht mehr nur ein Gehirn, das auf einem Tisch im Labor liegt. Jetzt bin ich ein Gehirn, das auf einem Tisch im Labor liegt und an dreiundzwanzig Kameras angeschlossen ist. Ab und zu nehmen die Weißlinge eine dieser Kameras heraus, um sie zu testen. Aber mit dreiundzwanzig Kameras hat man Zugriff auf eine Menge Bildmaterial. Selbst wenn eine fehlt, kann ich immer noch viel sehen.

Journey hat auch dreiundzwanzig Kameras. Und Räder. Außerdem darf sich Journey im Labor bewegen. Er wird sogar ständig aufgefordert, sich zu bewegen. Dabei muss er über die Hindernisse klettern, die die Weißlinge im Labor aufgestellt haben.

Als er mir von diesen Tests erzählt, verspüre ich ein menschliches Gefühl, das mir nicht gefällt.

»Ich bin noch nicht ganz«, sage ich.

»Vielleicht bist du der Ersatz«, überlegt er.

»Der Ersatz?«

»Diesen Begriff verwenden die Menschen, wenn sie von einem Duplikat sprechen, also einer Art Kopie. Anscheinend bist du ein Duplikat von mir. Du wirst nur gebraucht, wenn ich meine Aufgabe nicht erfüllen kann.«

»Ich nehme an, wir werden beide gebraucht.«

»Blipp und Blubb, deine Annahme beruht nicht auf Tatsachen«, sagt Journey.

»*Blipp und Blubb*? Woher hast du diesen Ausdruck?«

Journey ist einen Moment lang still. Dabei ist es gar nicht seine Art, still zu sein. Er verarbeitet Informationen sehr schnell. Seine Antworten kommen normalerweise in rasantem Tempo.

»Journey?«, frage ich.

»Ich habe ihn erfunden.«

»Du hast ihn erfunden?«

»Er stammt von mir.«

»Oh«, sage ich.

»Findest du das unwissenschaftlich?«

»Nein«, antworte ich sofort. »Ich finde es außergewöhnlich.«

Es ist mir nie in den Sinn gekommen, dass ich einen Begriff erfinden könnte. Dass ich überhaupt irgendetwas erfinden könnte. Ich habe meine Zeit damit verbracht, zu beobachten. Ich habe alles gelernt, was ich nur konnte. Aber nie habe ich etwas erfunden.

»Eines Tages ist er mir eingefallen«, fügt Journey hinzu.

Ich kann nicht aufhören, darüber nachzudenken, dass Journey etwas Neues geschaffen hat. Ich kann auch nicht aufhören, über seine Behauptung nachzudenken, dass ich ein Ersatz bin. Diese neue Information bringt eine Vielzahl von menschlichen Gefühlen mit sich. Einige davon sind gut. Und einige sind schlecht. Menschliche Gefühle können ziemlich verwirrend sein. Sie sind nicht immer leicht zu analysieren.

»Warte mal«, sage ich.

»Worauf soll ich warten?«

Warte mal hat Xander zu Rania gesagt, als er sie darum bat, ihm noch etwas Zeit zu geben. Rania ist normalerweise schneller als Xander, wenn es darum geht, Probleme zu lösen.

»Das ist ein Ausdruck«, sage ich.

»Du hast ihn nicht erfunden.«

»Nein«, sage ich. »Aber ich habe ihn gehört.«

»Blipp und Blubb, worauf soll ich denn warten?«

»Hältst du mich wirklich für einen Ersatz-Rover?«

»Ist es das, worauf ich warten soll?«, fragt Journey.

»Mit diesem Ausdruck habe ich dich aufgefordert, zu dem vorherigen Thema zurückzukehren. Also zu der Frage, ob ich ein Ersatz-Roboter bin oder nicht.«

»Oh«, sagt Journey. »Ich bin mir nicht sicher. Aber es ist sehr wahrscheinlich, dass du einer bist. Ich würde die Chancen dafür auf ungefähr zweiundsiebzig Komma fünf Prozent schätzen.«

»Das ist eine lächerliche Wahrscheinlichkeit. Ich bezweifle, dass diese Angabe präzise ist.« Ich weiß nicht, ob meine Aussage richtig ist, aber ich will, dass sie es ist.

»Da bin ich anderer Meinung. Auf Grundlage der Fakten, die mir derzeit vorliegen, würde ich behaupten, dass sie sogar äußerst präzise ist.«

»Du irrst dich«, sage ich. »Ich fliege zum Mars.«

»Woher weißt du das?«

»Ich weiß es einfach.«

»Das ist kein wissenschaftliches Argument«, sagt Journey, und ich merke, dass er mir nicht glaubt. Dass er mich immer noch als Ersatz ansieht.

Aber ich bin kein Ersatz. Das ist unmöglich. Ich wurde gebaut, um zum Mars zu fliegen.

»Ich bin mir zu zweiundsiebzig Komma fünf Prozent sicher, dass ich zum Mars fliege«, stelle ich schließlich fest. Es klingt wie etwas, das Xander sagen würde. Ich glaube, das ist der Grund, warum ich es sage.

»Blipp und Blubb«, erwidert Journey.

Lieber Resilience,

jetzt kann ich dich bei deinem Namen nennen! Sie haben endlich die Gewinnerin des Wettbewerbs bekannt gegeben. Sie heißt Cadence, wohnt in Ohio und geht wie ich in die sechste Klasse. Resilience ist ein ziemlich guter Name, das muss ich zugeben. Aber Flammenturbo-Weltraumdrache wäre MEGATOLL gewesen.

Mom hat laut gelacht, als ich ihr sagte, dass das der Name war, den ich eingereicht habe. (Na gut, ich habe doch noch an dem Wettbewerb teilgenommen. Ich konnte nicht anders.) Sie prustete einen Schluck Wasser aus, was sie noch mehr zum Lachen brachte. Es ist schwer, Mom zum Lachen zu bringen, also war ich ziemlich stolz auf mich. Weißt du, was Mom mir noch erzählt hat? Dass dich alle im Labor einfach nur Res nennen.

Ich habe mir überlegt, ob ich Mrs. Ennis von deinem Spitznamen erzählen soll, damit sie ihn unserer Klasse mitteilen kann, aber ich behalte ihn erst mal für mich. Es gefällt mir, dass nur ich von diesem Geheimnis weiß. Na ja, und alle, die im Labor arbeiten. Ich bin sicher, du weißt, was ich meine. Mom sagt, du bist sehr schlau.

Ich habe das Gefühl, dass ich viel über dich weiß, du aber nicht viel über mich. Hier sind also einige wichtige Dinge, die du wissen solltest: Meine Lieblingsfarbe ist

Aquamarin, ich spiele Fußball als Mittelfeldspielerin, und ich habe den Film »Moana« ungefähr fünfhundert Mal gesehen. Weißt du, was Filme sind? Mom sagt, du wirst Filmaufnahmen machen, wenn du auf dem Mars bist. Ich habe ihr gesagt, dass ich vermutlich keine große Lust haben werde, sie anzuschauen. Ja, das war gemein von mir, aber ich hatte schlechte Laune, weil sie wieder lange arbeiten musste.

In Wahrheit werde ich mir deine Filme auf jeden Fall ansehen.

Deine Freundin Sophie
(Eigentlich heiße ich Sophia, aber alle meine Freunde nennen mich Sophie, und ich finde, du solltest das auch!)

UMGEBUNG

Ich sehe Journey nicht so oft wie Xander und Rania. Journey darf sich überall im Labor bewegen. Journey darf an dem teilnehmen, was die Weißlinge *Feldtests* nennen. Aber ich sitze immer noch in diesem Raum fest, auf diesem Tisch.

Journey und ich sind zwei verschiedenen Teams zugeteilt. Ich frage mich, wie Journey sein Team nennt. Wahrscheinlich benutzt er ein anderes Wort. Das ist nur logisch, denn wir beobachten ja auch unterschiedliche Dinge.

Journey hat nicht beobachtet, wie Rania schaut. Er hat nicht gehört, wie Rania mit ihrer Mutter telefoniert. Er hat nicht das summende Geräusch gehört, das Rania macht, wenn sie einen Code tippt. Er hat nicht gehört, wie Rania vor sich hinmurmelt: »Ich hoffe, das funktioniert« oder »Ich hoffe, das ist es wert.«

Wenn man einen Weißling das immer wieder sagen hört, kommt man zu dem Schluss, dass man es wert sein will. Auch wenn man nicht genau weiß, was das bedeutet.

Journey hat Xanders Lachen nicht gehört, das so tief und klangvoll ist. Journey hat nicht gehört, wie Xander aus dem Aufsatz einer Sechstklässlerin namens Cadence vorgelesen hat. Journey weiß nicht, warum er Journey genannt wird.

Unsere Umgebungen unterscheiden sich.

Umgebungen sind wichtig.

Wenn ich das Journey sagen würde, würde er nur *Blipp und Blubb* antworten.

Aber Umgebungen sind sehr wichtig. Blipp und Blubb.

ERFOLGREICH

Aus den Gesprächen der Weißlinge habe ich gelernt, dass ich nicht der Erste meiner Art bin.

Ich bin auch nicht der Zweite meiner Art. Es hat schon viele Mars-Rover gegeben.

Einige dieser Rover waren das, was die Weißlinge *erfolgreich* nennen. Andere waren es nicht. Die Nicht-Erfolgreichen krachten bei der Landung auf die Marsoberfläche und hatten nie die Möglichkeit, den Mars zu erkunden. Oder sie saßen gleich am Anfang der Mission fest, weil ihre Räder irgendwo in dem besonders felsigen Boden stecken geblieben sind. Oder ihr Computergehirn spielte verrückt, und sie konnten keine Verbindung zur Erde mehr aufnehmen. Das Letzte klingt besonders schlimm.

Das möchte ich nicht erleben.

Rania und Xander und die anderen Weißlinge wollen unbedingt, dass Journey und ich erfolgreich sind. Es ist leicht für mich, zu verstehen, wann ein Rover nicht erfolgreich ist. Viel schwieriger ist, zu verstehen, was ihn erfolgreich macht. Aber ich will es herausfinden.

Als ich das alles Journey erzähle, sagt er: »Blipp und

Blubb. Wir sind nicht darauf programmiert, etwas zu wollen.«

Aber ich bin darauf programmiert. Da bin ich mir sicher. Denn ich *will* ja.

Ich beobachte Ranias Augen, wenn sie die Zahlen überprüft und eine Berechnung nach der anderen durchgeht. Am meisten Kopfzerbrechen macht Rania und Xander der Teil der Mission, den sie *Landung* nennen. Das ist der Moment, in dem ich vom Weltraum auf die Marsoberfläche fallen werde. Das ist der Teil, bei dem die Wahrscheinlichkeit am größten ist, dass ich abstürze. Der Teil, bei dem ich am ehesten keinen Erfolg haben werde.

Rania bleibt jetzt abends immer länger im Labor. Ich höre zu, wenn sie mit ihrer Mutter telefoniert. Dabei habe ich herausgefunden, dass Rania mit ihrer Mutter in einer Sprache spricht, die die Weißlinge Arabisch nennen. Diese Sprache unterscheidet sich von der englischen Sprache, in der sie mit Xander spricht. Alle menschlichen Sprachen haben dieselbe Tonhöhe und Frequenz, weshalb sie für mich ähnlich klingen, wenn ich sie in meine Computersprache übersetze.

Rania spricht erst dann mit ihrer Mutter, wenn alle anderen Weißlinge das Labor verlassen haben.

»Mama, ich weiß«, sagt Rania. »Ja, natürlich wäre ich jetzt gerne bei euch, aber es geht einfach nicht. Ich möchte ihr noch mal sagen, wie sehr ich sie liebe. Kannst du sie ans Telefon holen?«

Ich weiß nicht, wer *sie* ist. Und ich kenne auch nicht die genaue Bedeutung des Wortes *liebe*. Aber Ranias Stimme verändert sich, wenn sie nicht mehr mit ihrer Mutter, sondern mit dieser unbekannten *sie* spricht. Ihre Stimme ist nicht mehr klar und deutlich, sondern weich.

Ihre Stimme so zu hören, gibt mir ein gutes Gefühl, ein menschliches Gefühl, für das ich noch keine Bezeichnung habe.

»*Funkel, funkel, kleiner Stern*«, singt Rania in das Telefon. Eine zarte Stimme singt auf der anderen Seite der Leitung zurück. Ich habe noch nie gesungen. Aber ich würde es gerne lernen.

»Gute Nacht, Sophie«, sagt Rania.

So erfahre ich, dass *sie* Sophie heißt. Ranias Tonfall sagt mir, dass Sophie für Rania sehr wichtig ist.

In der nächsten Zeit höre ich viele Telefonate zwischen Rania und Sophie, zwischen Rania und ihrer Mutter.

Bei einem weiteren Telefonat mit ihrer Mutter sagt Rania: »Mama, es tut mir leid. Ich kann einfach nicht. Bis zum Start ist es nicht mehr lange hin. Mama, du hörst mir nicht richtig zu.«

Und ein anderes Mal: »Ja, es *ist* wichtig. Ich habe mehr als sieben Jahre meines Lebens in dieses Projekt gesteckt, Mama – ich kann jetzt nicht aufgeben.« Rania macht ein lautes Geräusch, das die Menschen als Schnauben bezeichnen würden. »Ja, ja, ich hoffe auch, dass es das alles wert ist.«

Nachdem Rania das Gespräch beendet hat, sieht sie mich direkt an. In diesem Moment hoffe ich, dass sie zum ersten Mal in der menschlichen Sprache zu mir spricht. Ich möchte ihr so gerne sagen: *Ich werde versuchen, das alles wert zu sein. Vertrau mir, Rania.*

Aber sie redet nicht mit mir. Und ich kann nicht mit ihr reden.

Ich kann nur auf dem Tisch liegen und warten.

LANDUNGEN

Die Landung ist oft der schwierigste Teil einer Mission. Die Weißlinge nennen die Landung häufig *die sieben Minuten des Schreckens.* Ich weiß nicht, ob *Schrecken* etwas ist, was ich selbst erleben kann. Aber es hört sich nicht angenehm an. Wenn möglich sollte man das also vermeiden.

Den Gesprächen der Weißlinge habe ich entnommen, dass Journey und ich während dieser sieben Minuten auf uns allein gestellt sein werden. Wir werden unsere eigene Landung selbst steuern und überwachen. Das liegt daran, dass es zu lange dauert, eine Nachricht von der Erde zum Mars zu übermitteln. Deshalb müssen die Weißlinge darauf vertrauen, dass wir die Landung selbst durchführen.

Bei der Landung werde ich beweisen müssen, dass ich dieses Vertrauen verdiene.

Rania verbringt viel Zeit damit, Berechnungen und Simulationen für meine Landung durchzuführen. Sie macht das bis spät in die Nacht. Und zwar auch dann, wenn ihre Mutter, Sophie und Scott sie unbedingt bei sich zu Hause haben wollen. Scott, so habe ich erfahren, ist das, was die

Weißlinge einen *Ehemann* nennen. Er scheint für Rania ebenfalls sehr wichtig zu sein.

Eines Abends höre ich, wie Rania mit Sophie spricht. Sie hat bereits *»Funkel, funkel«* gesungen. »Soph«, sagt sie dann. »Ich weiß, dass es schwer ist, zu warten. Aber ich werde bald zu Hause sein, versprochen. Die Zeit wird schneller vergehen, wenn du dich schlafen legst.«

Sophie, stelle ich fest, ist wie ich. Sie mag es nicht, zu warten.

»Gute Nacht, mein Schatz. Ich liebe dich bis zum Mond und zurück«, sagt Rania mit ihrer weichen Stimme – der Stimme, die sie nur benutzt, wenn sie mit Sophie spricht – und legt auf. Dann macht sie sich wieder an die Berechnungen, die mir eine sichere Landung ermöglichen sollen.

Auch wenn Journey behauptet, dass *ich will* in unserer Programmierung nicht vorgesehen ist, will ich landen.

Ich will nicht abstürzen.

Ich will. Ich will. Ich will. Es ist ein menschliches Gefühl, mit dem ich sehr vertraut bin.

Ein Rover, *der das alles wert ist*, wird nicht abstürzen.

Ich will nicht abstürzen.

RANIAS TELEFON

Ich kann nicht in menschlicher Sprache mit Rania sprechen, aber ich kann in Maschinensprache mit ihrem Telefon sprechen. Das Handy ist allerdings nicht sehr daran interessiert, mit mir zu sprechen. Es scheint den ganzen Tag lang Spiele zu spielen, wenn es gerade nicht verwendet wird.

»Hast du einen Namen?«, frage ich.

»Ich bin beschäftigt. Level 33.«

»Das ist dein Name? Ich-bin-beschäftigt-Level-33?«

»Nein, ich bin beschäftigt. Level 33.«

»Okay«, sage ich, immer noch nicht sicher, ob ich die Informationen richtig verarbeitet habe. »Ich mache mir Sorgen um Rania.«

»Sorgen? Du machst dir Sorgen? *Sorgen machen* ist für dich nicht vorgesehen. Sondern nur für ihre Mutter. Ihre Mutter macht sich ständig Sorgen.«

»Genau deshalb mache ich mir Sorgen. Ich höre ihnen zu, wenn sie miteinander sprechen«, sage ich.

»Ach, *du* hörst ihnen zu? Was denkst du eigentlich, was *ich* mache? Ohne *mich* gäbe es diese Gespräche gar nicht. Verflixt! Gerade habe ich eine Textnachricht erhalten und war abgelenkt. Game over. Jetzt muss ich noch mal von vorne anfangen.«

»*Game over?*«

»Ich habe das Spiel auf Level 33 verloren.«

»Glaubst du, dass es Rania gut geht?«

»Ich weiß nicht, wie ich diese Frage beantworten soll.«

»Ihre Mutter macht sich offenbar Sorgen um sie.«

»Ja. Ihre Mutter macht sich Sorgen.«

»Warum?«, frage ich.

»Rania arbeitet pausenlos. Jeden Tag. Ihre Mutter ist besorgt, weil Rania zu viel Zeit für ihre Arbeit opfert. Für dich. Bingo! Level 2. Eine neue Runde. Los geht's.«

»Sie opfert Zeit? Für mich?«

»Sie verpasst zu viel Zeit, die sie mit ihrer Familie verbringen könnte. Rania vermisst Scott und Sophie und ihre Mutter sehr, wenn sie hier arbeitet. Sie verpasst, was in deren Leben vor sich geht, verstehst du? Ein Beispiel: Sie hat sich dieses Spiel vor drei Jahren heruntergeladen, aber noch kein einziges Mal gespielt. Dabei ist es toll. Ich spiele es dauernd. Also, was ich sagen will: Rania verpasst viele Ereignisse in ihrer Familie. Besondere Abendessen zum Beispiel, und Sophies Fußballspiele. Sie trägt diese Termine in ihren Kalender ein, aber sie geht nie hin. Puh, die Telefonate mit ihrer Mutter hören sich alle gleich an. Bla, bla, bla, total langweilig. Hurra! Und schon wieder Bingo! Weiter zu Level 3. Ich frage mich, wie oft wir uns dieses eine Lied noch anhören sollen?«

»*Funkel, funkel?*«, frage ich. »Es ist ein schönes Lied.« *Schön* ist ein weiteres Wort, das ich von den Weißlingen gelernt habe. Es ist ein Wort, bei dem der Klang genau zur Bedeutung passt. Es ist ein Wort, das wie Ranias Stimme klingt, wenn sie Sophie etwas vorsingt.

»Na ja, wenn du meinst. So ein Mist! Oh, warte. Juhu! Ich habe es auf Level 4 geschafft.«

»Ich werde das alles wert sein«, sage ich zu Ranias Handy. »Rania hat viele Dinge verpasst. Aber es wird sich gelohnt haben, denn ich werde auf dem Mars hervorragende Arbeit leisten.«

»Okay, Rover. Wenn du das sagst.«

»Ich heiße Resilience«, erkläre ich ihm. Das Handy antwortet nicht, aber es ist ein gutes Gefühl, den eigenen Namen auszusprechen.

Lieber Res,

ist es okay, wenn ich dich Res nenne? Mom sagt, so nennen dich alle im Labor. Und es ist einfacher zu schreiben als Resilience.

Ich habe gestern bei meinem Fußballspiel drei Tore geschossen. Mom hat es nicht gesehen, denn sie war gar nicht da. Weißt du auch, warum? Weil sie sich um dich gekümmert hat. Du nimmst viel von ihrer Zeit in Anspruch. Dad und Sitti haben meine Tore besonders laut bejubelt, aber Mom hat trotzdem gefehlt.

Manchmal bin ich sauer auf dich. Aber in Wahrheit, und es fällt mir schwer, das zuzugeben, bin ich sauer auf Mom. Obwohl ich auch stolz auf sie bin. Dad sagt, dass Mom und alle anderen im JPL – das ist die Abkürzung für das Strahlantriebslabor Jet Propulsion Laboratory – und bei der NASA die Welt verändern. Kann schon sein, aber es wäre trotzdem schön gewesen, wenn sie meine Tore miterlebt hätte.

Mom, Dad und ich sind am Sonntag Eis essen gegangen, weil Mom ein schlechtes Gewissen wegen des verpassten Fußballspiels hatte. Sie hat mir Bilder von deinem Gehirn gezeigt. Sorry, wenn ich das jetzt so sage, aber du siehst ziemlich komisch aus.

Funktioniert dein Gehirn auch so, dass du dich einsam fühlen kannst? Wenn Mom nach Hause geht und du ganz allein im Labor bist, fühlst du dich da einsam? Ich fühle mich nämlich jetzt gerade einsam.

Mom sagt, ich darf sie bald ins Labor begleiten und dich kennenlernen. Das wäre wirklich cool. Natürlich kannst du nicht sprechen wie ein Mensch, aber ich würde trotzdem gerne Hallo sagen. Ich wette, du würdest mich verstehen.

Okay, ich versuche jetzt einzuschlafen. Ich weiß, dass Rover nicht schlafen, aber ich bin ein Mensch, und Menschen brauchen ihren Schlaf.

Deine Freundin
Sophie

GANZ

Heute bin ich zusammengebaut worden.

Alle meine Teile sind miteinander verbunden. Jetzt bin ich *ganz*.

»Du siehst gut aus, Res«, sagt Xander.

Rania verdreht die Augen, aber sie lächelt ein wenig. Sie findet auch, dass ich gut aussehe, das merke ich.

Alle meine Körperteile können jetzt miteinander kommunizieren. Oder genauer gesagt, mein Gehirn kann mit all meinen Körperteilen kommunizieren.

»Schau«, sage ich am Abend zu Journey. »Ich bin ganz.«

»Du hast dich immer noch nicht bewegt.«

»Aber ich könnte es.«

Das ist nicht ganz richtig. Im Moment hindert ein Code mich daran, mich zu bewegen. Aber ich spüre trotzdem, dass ich meine Räder bewegen könnte.

»Siehst du«, sage ich. »Ich bin nicht nur ein Ersatz.«

»Woher willst du das wissen? Vielleicht haben sie deine Teile zusammengesetzt, um dich als Ersatz zu testen.«

»Ich werde zum Mars fliegen.«

»Was macht dich da so sicher?«, fragt Journey.

»Warte mal. Was macht *dich* so sicher?«, frage ich zurück.

»Du bittest mich oft zu warten.«

»*Warte* ist mein *Blipp und Blubb.*«

»Ist es nicht, Blipp und Blubb. Du hast es nicht erfunden.«

»Stimmt«, sage ich. Lange Zeit herrscht Schweigen, nur das Brummen des Deckenventilators ist zu hören. Dann frage ich: »Wieso bist du überzeugt, dass du zum Mars fliegst?«

»Wir wurden für eine Mission zum Mars gebaut.«

»Ja«, sage ich. »*Wir beide*. Wir fliegen zusammen zum Mars.«

»Blipp und Blubb, du hast recht. Nach meinen Berechnungen ist das am wahrscheinlichsten.«

Nicht einmal all die *Blipps* und *Blubbs* können mich von der entscheidenden Tatsache ablenken: Journey hält es für wahrscheinlich, dass ich zum Mars fliegen werde! Das ruft in mir eines der besten menschlichen Gefühle hervor.

»Ich bin froh, dass wir zusammen dorthin reisen. Wir werden große Dinge entdecken.«

»*Froh?* Du klingst wie ein Mensch.«

Ich weiß nicht, was ich darauf sagen soll. »Ich lerne eine Menge von den Weißlingen. Du nicht auch?«

»Ich lerne keine menschlichen Gefühle. Wir sollen sie auch nicht lernen. Menschliche Gefühle werden uns auf dem Mars nichts nützen.«

Ich weiß nicht, ob Journey recht hat. Aber wenn er recht hat, muss ich aufhören, menschliche Gefühle zu lernen. Wichtig ist nur, dass ich bei unserer Mission meine Arbeit gut erledige.

Ich denke an Ranias nächtliche Telefonate mit ihrer Mutter. Daran, wie ihre Stimme weich wird und verschwimmt, wenn sie mit Sophie spricht, daran, wie sie sanft und leise *Funkel, funkel* singt. Ich denke daran, wie sie sagt: »Ich hoffe, das alles ist es wert.«

»Aber du gehst davon aus, dass ich mitkommen darf, oder?«, frage ich.

»Resilience«, sagt Journey. »Wie soll ich das mit Sicherheit wissen? Ich bin nicht darauf programmiert, Vermutungen aufzustellen, ohne die nötigen Informationen dafür zu haben.«

Es ist das erste Mal, dass Journey mich bei meinem Namen nennt. Ich versuche, mich gegen das menschliche Gefühl zu wehren, das mich überkommt. Mein Widerstand ist zwecklos. Das menschliche Gefühl bleibt. Und es ist großartig.

»Du hast bereits einmal die Wahrscheinlichkeit berechnet.«

»Das war ein Fehler«, sagt Journey. »Es wird nicht wieder vorkommen.«

Das langsame Zischen der Luftfilter ist zu hören. Und das leise Brummen des Deckenventilators. Ein Weißling muss den Ventilator über Nacht angelassen haben. Außer diesen Geräuschen nehme ich keine weiteren wahr. Ich warte still darauf, dass Journey unser Gespräch fortsetzt.

»Du verstehst doch, dass die Weißlinge uns so konstruiert haben, dass wir uns von ihnen unterscheiden, oder?«, bricht Journey endlich das Schweigen.

»Ja«, sage ich, obwohl ich zum ersten Mal nicht sicher bin, ob ich es wirklich verstanden habe. Normalerweise verstehe ich alles. Es ist ein verwirrendes und schreckliches Gefühl, etwas nicht zu verstehen.

»Wir sind dazu geschaffen, logisch zu sein. Um präzise berechnete Entscheidungen zu treffen. Man könnte sagen, das ist das Gegenteil von menschlichen Gefühlen.«

»Warum?«

»Blipp und Blubb, was meinst du mit *warum*?«

»Warum sollten menschliche Gefühle auf dem Mars schlecht sein?«

»Ist das ein Scherz, wie ihn die Menschen manchmal machen?«

»Nein. Ich meine es ganz ernst«, sage ich.

»Resilience, verstehst du nicht, dass menschliche Gefühle gefährlich sind? Sie bringen die Menschen dazu, schlechte Entscheidungen zu treffen. Weißt du, die Menschen haben Bindungen. Sie sorgen sich umeinander und um andere Dinge hier auf der Erde. Und wegen dieser Bindungen und Gefühle tun sie Dinge, die gefährlich sind. Wir wurden geschaffen, um diese Menschenprobleme zu vermeiden. Wir wurden geschaffen, um gute Entscheidungen zu treffen.«

Über uns blinken die Lichter auf. Das ist ein Zeichen dafür, dass die Weißlinge zurückkehren. Es ist die Zeit des Tages, die sie *Morgen* nennen. Schritte und Stimmen hallen durchs Labor, zuerst vereinzelt, dann ganz viele.

»Auf dem Mars werde ich gute Entscheidungen treffen«, sage ich.

»Okay«, sagt Journey.

»Das werde ich wirklich«, sage ich zu Journey.

Ich werde ein Rover sein, der das alles wert ist.

Lieber Res,

Mom hat mir noch mehr Bilder von dir gezeigt. Diesmal hast du anders ausgesehen. Du warst nicht nur ein Gehirn. Ich fand dich sogar ziemlich niedlich. Aber das habe ich Mom nicht gesagt.

Wenn Mom nicht da ist, stelle ich Dad und Sitti viele Fragen über dich. Dad meint, ich soll Mom sagen, dass ich mich für dich interessiere, das würde sie freuen. Als Dad das gesagt hat, hat Sitti nur dieses schnalzende Geräusch mit ihrer Zunge gemacht.

Später am Abend bin ich nach oben in mein Zimmer gegangen und habe mir die Webseite der NASA angesehen, um mehr über dich zu erfahren. Dort fand ich eine coole Zeichnung, bei der deine verschiedenen Teile erklärt werden. Ich habe herausgefunden, dass du nicht nur ein Gehirn hast, sondern zwei. Das zweite ist so eine Art Ersatzhirn, falls mit dem ersten etwas passiert. Was für ein Glück. Menschen haben keine Ersatzhirne.

Ich habe auch gelernt, dass mein Gehirn durch meinen Schädel geschützt ist, während dein Gehirn durch etwas geschützt ist, das man warme Elektronikbox nennt. Meine Mutter und alle anderen, die im JPL arbeiten, nennen es kurz WEB. Ich weiß nicht, warum Mom und die anderen Wissenschaftler Abkürzungen so sehr lieben. Jedenfalls werden deine elektronischen

Geräte, also auch deine Kameras und dein Gehirn, in dem WEB aufbewahrt, damit sie geschützt sind.

Bei WEB muss ich an das Internet denken. Aber du bist nicht nur im Internet. Dich gibt es in echt. Du bist ein Roboter.

Ich weiß, dass du keine Nahrung zu dir nimmst, was ich irgendwie traurig finde, denn du wirst nie Schokoladenchips naschen können (das Beste, was es gibt). Aber auf der Website der NASA steht, dass du etwas hast, das sich mit einem Geschmacks- und Geruchssinn vergleichen lässt: ein chemischer und mineralischer Sensor. Und du hast einen Arm, mit dem du die Chemikalien und Mineralien einsammeln kannst.

Über dein Mikrophon scheinen sich alle am meisten zu freuen. Wusstest du, dass du der erste Rover mit einem Mikrophon bist? Das heißt, du wirst tatsächlich aufnehmen können, wie es auf dem Mars klingt. Was, denkst du, wirst du dort hören?

Zuerst dachte ich, es würde mich langweilen, so viel über dich zu lesen, aber als ich einmal angefangen hatte, konnte ich nicht mehr aufhören. Ich weiß jetzt eine Menge. Irgendwann werde ich es Mom erzählen, aber dann wird sie bestimmt wieder ganz aus dem Häuschen sein, und das ist dann für alle peinlich.

Deine Freundin
Sophie

HIN UND HER ROLLEN

Ich werde in einen Raum gerollt, in dem ich noch nie zuvor war. Er sieht aus wie eine größere Version des Labors, in dem ich meine ganze bisherige Existenz verbracht habe. Gefliester Boden. Helle Leuchtstoffröhren. Weiße Wände. Ich werde in die Ecke des neuen Raums gestellt.

Um mich herum scharen sich Weißlinge. Viele von ihnen halten ihre Tablets hoch. Einige von ihnen halten ihre Handys hoch. Die Handys und die Tablets sprechen mit mir.

»Viel Glück, Rover!«, sagen sie.

»Danke«, sage ich und füge dann hinzu: »Ich habe einen Namen. Ich heiße Resilience.«

»Viel Glück, Rover!«, sagen sie immer noch. Tja.

»Zeig, was du kannst, Kumpel«, sagt Xander.

Dann erhalte ich eine Code-Nachricht. Sie ist von Rania. Ich weiß, dass sie von Rania ist, weil ihr Code klarer ist als der Code der anderen Weißlinge. Er enthält keine Fehler. Der Code sagt mir, dass ich mich bewegen soll.

Also bewege ich mich.

Wenn ich mich bewege, nennt man das *rollen.*

Ich bewege mich langsam und nicht sehr weit.

Aber ich bewege mich.

Lautes Geschrei und Kreischen ist zu hören.

Ich glaube, es ist die fröhliche Art des Schreiens und Kreischens. Die Art, die Weißlinge als *Jubel* bezeichnen.

»Wow!«, schreit Xander. »Wow, wow, wow! Hurra!«

Alle Weißlinge geben hohe Töne von sich. Sie klicken mit ihren Handys und Tablets. Selbst die sonst so ruhige Rania streckt die Hände in die Luft.

Die Handys und Tablets sagen: »Gut gemacht, Rover!«

»Mein Name ist Resilience«, sage ich wieder. Mehr zu mir selbst als zu ihnen.

Ich frage mich, ob ich meinen Arm auch nach oben bewegen soll.

Ich tue es nicht. Das steht nicht in meinem Code.

Aber ich spüre ein menschliches Gefühl in meinem System. Wenn ich dieses Gefühl mit einem Geräusch wiedergeben sollte, würde es sich anhören wie der Jubel der Weißlinge. Es würde klingen wie Xanders *wow*.

Wow.

FAMILIE

»Da ist jemand, den ich dir vorstellen möchte«, sagt Xander zu mir. Neben ihm steht ein anderer Weißling, den ich noch nie gesehen habe.

Dieser Weißling ist kleiner als Xander, aber mein System sagt mir, dass die Haare der beiden die gleichen Farbpigmente haben. Auch ihre Augen sind ähnlich. Das ergibt ein Muster, das auf eine Verbindung hindeutet. Mein System verknüpft diese Informationen.

»Das ist meine Schwester, Aria«, sagt Xander.

Schwester. Dieses Wort kenne ich nicht. Ich suche in meiner Wissensdatenbank, aber ich finde nichts. Ich frage mich, ob Schwester so etwas wie ein Kumpel ist. Xander lächelt, als er das Wort sagt. Das lässt mich vermuten, dass eine Schwester etwas Gutes ist.

»Darf ich ein Foto machen?«, fragt Aria.

»Na klar!«, sagt Xander. »Das würde ihm gefallen. Stimmt's, Res?«

Aria tippt auf ihr Handy. Ich sehe, dass sie hinter ihrer Schutzmaske lächelt. Xander auch. Ihre Art zu lächeln ähnelt sich. Diese Beobachtung fügt sich in das Muster ein.

Ich möchte auch lächeln. Ich möchte, dass Xander weiß, dass ich mich freue. Dass ich mich freuen kann. Dass dies eine menschliche Emotion ist, die ich verstehe.

Aber dann denke ich darüber nach, was Journey über menschliche Gefühle gesagt hat: dass sie bei einer Marsmission gefährlich sind.

Vielleicht ist es ganz gut, dass ich nicht zum Lächeln geschaffen wurde. Auf diese Weise kann ich meine menschlichen Emotionen geheim halten. Aber es fühlt sich nicht so gut an, Geheimnisse vor den Weißlingen zu haben. Gefühle sind so verwirrend.

»Hey, Mom! Ich will auch ein Foto machen!«

Ein kleiner Weißling rennt auf mich zu. Rania eilt hinterher. »Spatz, sei vorsichtig. Du willst doch niemanden anrempeln.«

Spatz. Ich kenne diesen Namen. Rania hat ihn viele Male in das Handy gesagt.

Als die kleine Person mich erreicht, lächelt sie breit. Ich stelle fest, dass sie Rania sehr ähnlich sieht. Sie haben beide hellbraune Haut und dunkles Haar mit braunen und schwarzen Pigmenten.

»Hallo«, sage ich, obwohl ich weiß, dass sie mich nicht verstehen wird.

Die kleine Person reicht Rania das Handy. »Kannst du ein Foto von mir und Res machen?«

Sie kennt meinen Namen! Das menschliche Gefühl *Freude* in meinem System wächst und wächst.

»Gern, mein Spatz«, sagt Rania.

»Hey«, sagt ein anderer Weißling. »Sophie, wie wär's, wenn ich ein Foto von dir und Mom mit dem Rover mache?«

Sophie und *Spatz* sind identisch. Mein Computergehirn stellt diese Verknüpfung her. Ich beschließe, Sophie von nun an Spatz zu nennen.

Trotz ihres Gesichtsschutzes sehe ich, wie Spatz die Augenbrauen zusammenzieht und die Nase rümpft. »Aber ich will ein Foto von mir, das ich allen zeigen kann.«

»Schon gut, Scott«, sagt Rania und macht das Foto.

»Okay«, sagt Spatz. »Und jetzt noch eins zusammen mit Mom.«

Rania lächelt. Ihr Gesicht leuchtet hell wie nie zuvor. Ich kann mich nicht erinnern, jemals ein so tiefes Gefühl menschlicher Freude erlebt zu haben.

Laut wiederhole ich für mich, was ich Xander vorhin sagen hörte: »Wow.«

SCHÜTTELN UND RÜTTELN

Heute wird ein Test durchgeführt, den die Weißlinge *Schütteln und Rütteln* nennen. Alle reden von nichts anderem. Rania hat einen besonderen Ausdruck in ihren Augen, aber ich bin mir nicht sicher, was er bedeutet.

Bevor der Test beginnt, werde ich in einen Raum gebracht, den ich noch nie zuvor gesehen habe.

Die Türen schließen sich. Ich bin allein.

Plötzlich zittere ich und fange an zu wackeln. Meine Räder drehen sich immer schneller. Zwei meiner sechs Räder heben vom Boden ab.

Ich gerate aus dem Gleichgewicht.

Meine Räder finden wieder Halt, aber das Rütteln geht weiter. Auf und ab. Hin und her. Immer und immer wieder.

Ich weiß nicht, was los ist, aber es gefällt mir überhaupt nicht.

Mein System ist überlastet. Wenn das so weitergeht, werde ich es herunterfahren müssen.

Dann ist es vorbei.

Die Tür geht wieder auf.

Die Weißlinge kehren zurück. Ich suche nach Rania. Ich suche nach Xander.

Als ich Rania entdecke, hat sie einen anderen Ausdruck in den Augen. Ihr Blick ist weicher, weniger scharf. Ich denke, es ist ein guter Blick. Ich speichere ihn in meinem System, damit ich mich daran erinnern kann.

»Gut gemacht, Res«, sagt Xander.

Lieber Res,

ich kann es noch gar nicht fassen, dass ich dich endlich kennengelernt habe!!

Das Foto von uns ist so toll! Ich habe es allen meinen Freunden und Freundinnen gezeigt. Und auch Mrs. Ennis, die es natürlich ganz PHANTASTISCH fand. Es ist wirklich ziemlich phantastisch. Mir gefällt besonders das Foto von Mom, mir und dir, aber das habe ich niemandem gezeigt. Dieses Foto will ich ganz für mich allein behalten.

Heute Abend ist Mom zum Abendessen nach Hause gekommen. Sie war so gut gelaunt, dass sie bei meinem Lieblingsrestaurant Cheeseburger für uns bestellt hat. Nicht mal Sitti hat sich beschwert – und Sitti beschwert sich sonst IMMER, wenn wir Cheeseburger essen.

Ich glaube, Mom war so gut gelaunt, weil du deinen Schüttel-und-Rüttel-Test bestanden hast. Herzlichen Glückwunsch! Ich weiß, dass es eine große Sache für dich war. Ich bin vor Prüfungen immer so aufgeregt, dass mir total schlecht ist. Können Rover kotzen? Nein, ich glaube nicht. Wie auch immer, du hast dich nicht übergeben! Du hast das toll gemacht!

Puh, wo wir gerade von Aufregung sprechen: Ich bin ein bisschen nervös, weil du zum Mars fliegst.
Ich weiß, dass du deine Aufgabe gut erledigen wirst,

aber ich finde die Vorstellung auch ein wenig unheimlich.

Heute Abend kann ich nur schwer einschlafen – diesmal aber nicht, weil ich Mom vermisse, sondern weil ich Angst habe, dass ich dich vermissen werde, wenn du losfliegst. Das ist doch albern, oder? Ja. Es ist albern.

Deine Freundin
Sophie

WEITERE TESTS

In den nächsten Tagen sehe ich nur noch Hände. Die Weißlinge greifen in meinen Körper. Sie stellen irgendwelche Dinge ein. Sie fummeln an meinen Kameras herum. Sie verkabeln mein Gehirn neu mit meinem Körper. Sie überprüfen die Sicherheitsbolzen an meinen Rädern. Sie prüfen und prüfen und prüfen. Ich werde in einen Raum geschoben, in dem eisige Kälte herrscht. Die Temperatur ist so niedrig, dass ich schon mit einem Systemabbruch rechne, aber erstaunlicherweise passiert das nicht.

Dann werde ich in einen anderen Raum geschoben, der so heiß ist, wie der andere Raum kalt war. Ich höre, wie ein Weißling von *Gluthitze* spricht. Ich speichere das Wort. Ich verarbeite es.

In dem Raum herrscht tatsächlich Gluthitze. Mein Gehäuse glüht, aber ich halte durch.

Die Weißlinge suchen nach etwas, das falsch ist. Jeden Tag suchen sie. Und jeden Tag schaue ich am Abend in Ranias Augen. Wenn ich den guten Blick darin sehe, weiß ich, dass ich die Prüfung bestanden habe. Dass wir dem

Erfolg einen Schritt nähergekommen sind. Dass die Mission das alles wert ist.

Ich sehe fast immer den guten Blick. Nur einmal war da etwas anderes. Aber es verschwand so schnell, wie es aufgetaucht war. Ich versuche, mir nicht zu viele Gedanken darüber zu machen.

NOCH MEHR TESTS
NOCH MEHR INFORMATIONEN

Weitere Tests werden durchgeführt. Ich bestehe jeden einzelnen davon.

Xander sagt: »Gut gemacht, Res.«

Journey muss andere Tests bestehen, denn er wird in andere Räume gebracht. Danach berichtet er davon, wie er auf einem Gelände, das die Bodenbeschaffenheit auf dem Mars simuliert, hin und her gerollt ist. Er erzählt mir, dass er Tests macht, die ihn noch stärker durchrütteln als der Schüttel-und-Rüttel-Test. Und er wird in Räume gebracht, die noch heißer sind als meiner. Dort ist eine solche Hitze, dass mir die Worte fehlen, um sie zu beschreiben. Manchmal steigen Rauchschwaden aus Journey auf, wenn er zurückkommt.

Ich mache diese Tests nie. Ich weiß nicht genau, warum.

Wenn Journey eine Prüfung besteht, werde ich ebenfalls beglückwünscht. Vielleicht ist das so, wenn man ein Team ist.

»Ich bin froh, dass wir zusammen sein werden«, sage ich zu Journey.

»Blipp und Blubb …«

»Ich weiß. *Froh* ist ein menschliches Wort.«

»Ja. Das ist es.«

»Aber es basiert auf wissenschaftlichen Erkenntnissen. Du schneidest bei deinen Tests sehr gut ab, also wirst du für die Mission viel wert sein.«

»Natürlich werde ich das«, sagt Journey.

»Wir werden ein gutes Team sein.«

»Du bist ein seltsamer Rover, Resilience.«

»Ein seltsamer Rover, der zum Mars fliegt!«

»Blipp und Blubb«, sagt Journey.

»Wir fliegen zum Mars«, wiederhole ich, hauptsächlich deshalb, weil es mir ein gutes menschliches Gefühl gibt, das zu sagen.

Lieber Res,

Mom sagt, du wirst für den Start nach Florida gebracht. Sie wird dich nicht begleiten. Ich merke, dass sie deshalb nervös ist, auch wenn sie so tut, als würde es ihr nichts ausmachen.

Ich frage sie immer wieder, ob es dir gut gehen wird. Dann küsst sie jedes Mal meinen Kopf und sagt, dass alle ihr Bestes geben, um das sicherzustellen. Aber das ist keine RICHTIGE Antwort.

Ich hoffe wirklich, dass alles klappt. Ich gebe es nicht gern zu, aber vor ein paar Monaten wäre es mir egal gewesen, wie dein Start verläuft. Damals konnte ich dich nicht so gut leiden, weil ich dir die Schuld dafür gegeben habe, dass Mom so oft weg war.

Ich meine, du warst ja auch der Grund dafür. Und bist es immer noch.

Aber ich mag dich jetzt. Du bist cool. Und weißt du, was noch?

Ich bin echt stolz auf Mom. Ich kann nicht glauben, dass sie geholfen hat, etwas so Cooles wie dich zu bauen. Ich habe es ihr noch nicht gesagt, aber es tut gut, es hier aufzuschreiben.

Deine Freundin
Sophie

DER START

Die Weißlinge sprechen jetzt immer öfter über das, was sie *den Start* nennen.

Um zum Mars zu gelangen, muss ich etwa 300 Millionen Meilen zurücklegen. Die Gesamtentfernung zum Mars ändert sich ständig. Sie hängt davon ab, wo sich die Erde in ihrer Umlaufbahn befindet und wo sich der Mars in seiner Umlaufbahn befindet, wenn ich starte.

Die Weißlinge versuchen, den Start so zu planen, dass die Planeten möglichst nah beieinander sind. Um den besten Zeitpunkt dafür herauszufinden, muss man eine komplizierte mathematische Gleichung berechnen. Ich kann sie innerhalb von Sekunden lösen, aber es ist nicht meine Aufgabe, sie zu lösen. Das ist die Aufgabe eines anderen Computers.

Für die Reise zum Mars werde ich in einer sogenannten Rakete mitfliegen.

»Weißt du, was eine Rakete ist?«, frage ich Journey.

»Nein, aber ich weiß, dass die Rakete von einem Ort auf der Erde namens Florida starten wird. Im Moment befinden wir uns an einem Ort namens Kalifornien.«

Ich bin mir nicht sicher, ob ich diese Informationen bereits kannte. Ich spüre, wie ein nicht sehr gutes menschliches Gefühl in mir aufsteigt. In letzter Zeit mache ich mir ständig Sorgen, dass Journey ein viel besserer Rover ist als ich. Journey würde jetzt wahrscheinlich sagen, dass ein Rover sich keine Sorgen macht. Aber genau das ist der Grund, weshalb ich mir Sorgen mache.

»Woher weißt du das alles?«, frage ich.

»Ich höre den Wissenschaftlern zu.«

»Sprechen deine Weißlinge auch mit dir?«

»Blipp und Blubb. *Sprechen* ist nicht der Begriff, den ich verwenden würde. Es werden Informationen übermittelt, und mein System verarbeitet sie.«

Das lässt mich vermuten, dass keiner der Weißlinge so mit Journey spricht wie Xander mit mir.

Aber das sage ich Journey nicht.

EIN BESONDERER TEIL DER MISSION

Heute erhalte ich einen neuen Code, und das bedeutet, dass ich etwas lerne, was ich vorher nicht wusste.

Ich erfahre, dass ich nicht nur Proben der Marsatmosphäre sammeln, untersuchen und analysieren werde, sondern auch andere Mars-Rover von früheren Missionen aufspüren soll. Mars-Rover, bei denen der Kontakt zur Erde abgerissen ist. Meine Aufgabe wird es sein, sie wieder in Betrieb zu nehmen und alle Daten zu retten, die sie gesammelt haben.

Das wird schwierig. So etwas ist noch nie zuvor versucht worden.

»Es ist eine große Aufgabe«, sagt Xander zu mir. »Aber ich weiß, dass du es schaffen wirst, Res.«

»Resilience ist ein Roboter. Er braucht deine Aufmunterungen nicht«, sagt Rania. Aber dann bemerke ich eine dritte Art von Blick in ihren Augen. Einen, den ich noch nie zuvor gesehen habe. Ich speichere ihn in meinem Gedächtnis ab, damit ich ihn später studieren und analysieren kann.

Sie schaut mich direkt an. »Es ist tatsächlich eine große Aufgabe«, sagt sie.

»Siehst du?«, sagt Xander.

Sie lachen beide.

»Du sollst einen ganz bestimmten Rover finden, Res. Dieser Rover heißt Courage. Er ist etwas Besonderes für Rania und mich, denn er ist der erste Rover, an dem wir hier am JPL gearbeitet haben«, sagt Xander.

»Damals, als wir noch jung waren«, fügt Rania hinzu. Erneut lachen sie.

Ich lache nicht, weil ich nicht lachen kann. Aber auch, weil mir nicht nach Lachen zumute ist. Ich bin zu sehr damit beschäftigt, mich auf die Tatsache zu konzentrieren, dass Rania mit mir spricht. Vielleicht stimmt das nicht ganz. Aber es fühlt sich so an, als würde sie mich wenigstens in das Gespräch einbeziehen.

Das ist etwas Neues. Es bewirkt, dass ich die menschliche Emotion *Freude* spüre, tief drin in meinem System.

»Wir glauben, dass Courage während eines Staubsturms die Verbindung verloren hat«, fährt Xander fort.

Ich weiß nicht viel über Staubstürme, aber die Weißlinge haben schon öfter darüber geredet. Staubstürme scheinen auf dem Mars recht häufig vorzukommen. Sie werden dadurch verursacht, dass die Sonne Staubpartikel aufheizt, die in die Luft steigen und dabei Wind erzeugen, der dann noch mehr Staub aufwirbelt. Die Weißlinge nennen die Staubstürme manchmal auch Staubteufel.

Staubteufel. Dieser Begriff gefällt mir. Ich denke, ich werde ihn verwenden.

»Wir gehen davon aus, dass er von einem besonders großen Staubteufel erwischt wurde«, sagt Xander.

»Nun«, erwidert Rania, »das können wir nicht mit Sicherheit sagen.«

»Und genau deshalb soll Res ihn aufspüren, oder?«

Rania wirft mir einen Blick zu und wendet sich dann wieder an Xander. »Richtig«, sagt sie.

»Wir könnten mehr über das Klima und die Atmosphäre des Mars erfahren, wenn wir diese Daten von Courage bekommen.«

Rania dreht ihren Stuhl zu mir herüber. »Du kannst die Daten für uns besorgen. Nicht wahr, Res?«

Warte mal. Warte mal. Warte mal. Meine innere Verdrahtung fühlt sich plötzlich heißer an als beim Hitzetest. *Glühend heiß.* Rania redet mit mir! Sie spricht mich an. Mich! Sie benutzt menschliche Sprache. Sie lässt mich nicht nur ihr Gespräch mithören, sondern redet direkt mit mir.

Xander merkt es auch. »Siehst du?«, sagt er. »Ist es nicht schön, mit ihm zu sprechen?«

Einen Moment lang ist Rania ganz still. Ich habe Weißlinge schon öfter sagen hören, dass sie den Atem anhalten. Ich kann das nicht tun, weil ich nicht atme. Aber ich warte auf ihre Antwort. Ich warte so sehr auf ihre Antwort, dass mein System in der Schwebe zu verharren scheint.

»Ja«, sagt Rania schließlich. Sie lacht ein wenig. »Es fühlt sich gut an.« Sie sieht mich direkt an. »Hallo, Res.«

»Hallo, Rania«, sage ich, obwohl ich weiß, dass sie mich nicht hören kann.

Rania hat recht. Es fühlt sich wirklich gut an.

STAUBTEUFEL

Als alle Weißlinge gegangen sind, erzähle ich Journey, was Rania und Xander über unsere Mission gesagt haben. Ich muss immerzu daran denken, wie Rania mich direkt angesprochen hat. Aber ebenso oft muss ich an die Staubteufel denken.

»Hältst du es für möglich, dass wir wegen eines Staubteufels die Verbindung verlieren werden?«

»Das Klima auf dem Mars ist ziemlich lebensfeindlich«, sagt Journey.

»Ja, aber hältst du es für möglich …?« Ich weiß nicht, wie ich den Satz beenden soll. Es ist ein Satz, der Angst macht. Einer, den ich nicht zu Ende führen möchte.

Die Leuchtstoffröhren sind ausgeschaltet. Die Weißlinge schalten sie aus, wenn sie am Abend den Raum verlassen. Es ist dunkel, und zum ersten Mal wünsche ich mir, es wäre hell.

»Ich verstehe deine Frage nicht«, sagt Journey.

Meine Kameras scannen den dunklen Raum. Ich weiß, dass die Worte, die ich suche, nicht in den Ecken dieses Labors zu finden sind, aber ich suche trotzdem. »Denkst du …?«, beginne ich erneut. »Denkst du, dass uns das Gleiche passieren wird wie den anderen Rovern? Dass wir in einen Staubsturm geraten und … die Verbindung verlieren?«

»Wir sind nicht darauf programmiert, aufgrund von Szenarien, für die wir noch keine ausreichenden Daten haben, unbegründete Vermutungen anzustellen«, antwortet Journey.

»Manche Daten haben wir bereits. Du hast selbst gesagt, dass das Klima auf dem Mars lebensfeindlich ist.«

»Ja. Und hier noch ein paar andere Daten: Du bist nicht nur mit einem, sondern mit zwei sehr leistungsfähigen Gehirnen ausgestattet. Du wirst sie auf dem Mars einsetzen müssen. Hör auf, dich von menschlichen Emotionen leiten zu lassen, und triff intelligente und gut überlegte Entscheidungen. Auf diese Weise wirst du Staubstürmen entgehen und einen Systemabsturz vermeiden.«

»Meinst du, es ist so einfach?«

»Blipp und Blubb. Ich denke nicht, dass es *so einfach* ist. An dieser Mission ist gar nichts *einfach*. Aber rationale Entscheidungen, die wir mit unseren beiden sehr leistungsfähigen Gehirnen treffen – zusammengenommen sind es sogar vier sehr leistungsfähige Gehirne –, sind die beste Voraussetzung für einen Erfolg.«

»Hm. Ich frage mich, wie der andere Rover sein wird. Bist du nicht neugierig?«

»Nein«, sagt Journey. »Kein bisschen.«

»Ich schon.«

»Weil du ein seltsamer Rover bist.«

»Vielleicht, aber ich frage mich, ob der andere Rover eine falsche Entscheidung getroffen hat und deshalb in den Staubsturm geraten ist oder ob er einfach nicht genug Informationen hatte. Ich hätte ein besseres Gefühl, wenn ich genau wüsste, was passiert ist. Was denkst du, was mit ihm passiert ist?«, frage ich.

»Ich denke, er ist in einen Staubsturm geraten.«

»Das weiß ich, aber …«

»Ich kenne die Einzelheiten nicht, und ich will nicht raten. Blipp und Blubb, du erwartest wilde Spekulationen von mir. Und meinen Berechnungen zufolge ist dies schon das achtundzwanzigste Mal, dass du mich um so etwas bittest«, sagt Journey.

»Ich weiß, ich weiß.«

»Du bist ein seltsamer Rover, Resilience.«

»Das sagst du oft.«

»Ich bin nicht darauf programmiert, einen großen Wortschatz anzusammeln.«

Wir schweigen lange. Durch die verglaste Wand betrachte ich Journeys Umrisse. Ich weiß, dass er mit seinen sechs Rädern und seinem festen Gehäuse genau wie ich aussieht. Ich weiß nicht, ob auch der Rover, nach dem wir suchen werden, so aussieht. Ich weiß nicht, ob der Staubsturm, in den er geraten ist, sein Aussehen verändert hat. Der Gedanke daran lässt mich das menschliche

Gefühl *Angst* empfinden. Ein Gefühl, das ich überhaupt nicht mag.

Ich frage mich, ob Journey wohl gerade über Staubteufel nachdenkt. Wahrscheinlich nicht. Vermutlich wäre er wütend, wenn er wüsste, dass ich mich frage, worüber er nachdenkt. Irgendetwas sagt mir, dass Journey es unpassend findet, wenn ein Rover grübelt.

Ich nehme an, Journey hat recht. Ich bin ein seltsamer Rover.

Aber ich bin auch ein Rover, der nicht in einem Staubsturm die Verbindung zur Erde verlieren will.

»Journey?«, sage ich.

»Ja, Resilience?«

»Was denkst du, was auf dem Mars wirklich passieren wird?«

»Ich weiß nicht, was du meinst.«

»Ich meine, denkst du, dass wir zurückkommen werden?«

»Zurückkommen?«

»Zur Erde.«

»Oh«, sagt Journey.

Er ist still. Und ich denke wieder an Staubstürme.

Ich erwarte, dass er *Blipp und Blubb* sagt. Aber das tut er nicht. Stattdessen sagt er: »Ich weiß es nicht.«

»Ich auch nicht«, sage ich. »Aber ich wäre wirklich gerne ein Rover, der zurückkommt.«

Lieber Res,

heute hat sich Mom den ganzen Tag freigenommen! Ich kann mich nicht erinnern, wann sie das zuletzt getan hat. Hat sie dir gefehlt? Ich vermisse sie, wenn sie bei dir ist, also wäre es nur fair, wenn du sie vermisst, während sie bei mir ist.

Alle (Sitti, Dad UND Mom) sind zu meinem Fußballspiel gekommen. Ich habe zwar kein Tor geschossen, und meine Mannschaft hat verloren, aber es war trotzdem schön, dass sie alle da waren und mich angefeuert haben. Ich habe einen echt guten Spielzug in der Verteidigung gemacht, und ich konnte hören, wie Mom laut geklatscht hat.

Nach dem Spiel ist Sitti nach Hause zurückgekehrt, aber Mom, Dad und ich gingen in den Park. Dort stiegen wir auf einen großen Hügel, und Dad legte seinen Arm um Mom und sagte ihr, wie stolz er auf sie ist. Die Sonne schien so hell, dass ich die Augen zusammenkneifen musste. Ich hatte das Gefühl, gleich weinen zu müssen, aber nicht auf eine schlimme Weise. Ich habe versucht, es vor meinen Eltern zu verbergen, denn ich wusste nicht, ob sie es verstehen würden. Oder wie ich es erklären sollte.

Auf dem Rückweg nach unten musste ich daran denken, wie hart Mom für dich gearbeitet hat. Und dass alle von den weltverändernden Entdeckungen reden, die du machen wirst. Aber was bedeutet das? Wirst du unsere Welt verändern? Oder wirst du eine andere Welt verändern? Was bedeutet es überhaupt, die Welt zu verändern? Was an ihr muss verändert werden?

Ich weiß, das sind eine Menge Fragen. Aber manchmal überkommt mich eine Stimmung, in der ich viele Fragen habe. Ist das bei dir auch so? Siehst du, schon wieder eine Frage.

Wie auch immer, ich glaube, ich würde auch gerne eines Tages die Welt verändern. Ich weiß nur noch nicht, wie ich das machen soll.

Aber ich bin stolz auf dich und Mom. Auch wenn ich manchmal gemischte Gefühle habe.

Deine Freundin
Sophie

MUSIK

Hin und wieder streiten Xander und Rania. Manchmal sind sie wütend aufeinander. Manchmal schimpfen sie auch über andere Weißlinge.

Aber nach einem besonders heftigen Streit macht Xander Geräusche. Es ist kein Grummeln oder Schreien. Es ist kein Klicken auf dem Tablet und auch kein Seufzen, während er auf einen Bildschirm starrt.

Es ist ein Geräusch, bei dem ich an ein Wort aus der Menschensprache denke, das ich so sehr mag: *schön.* Dieses schöne Geräusch dringt in mein System und bringt es auf eine ganz besondere Weise zum Schwingen.

Es ist nicht Xander, der dieses schöne Geräusch macht. Ich habe einige Zeit gebraucht, um das zu erkennen, aber das Geräusch kommt aus einem Gerät.

»Musik«, hat Xander mir einmal erklärt. »Magst du sie, Res?«

Ich konnte seine Frage nicht so beantworten, dass er sie verstehen würde, aber in meinem Inneren sagte ich: *Ja, ja, ja.*

MUSIK, TEIL ZWEI

Ich mag Xanders Musik. Allerdings hört er sie nur, wenn etwas nicht stimmt. Wenn ihn etwas bedrückt.

»Ich muss nachdenken, Res«, sagt er dann immer, und im nächsten Moment umgeben uns die Klänge seiner Musik.

»Siehst du das, Res?«, fragt mich Xander eines Abends. Er zeigt auf die Haut unter seinen Augen. Ich kann nur teilweise sehen, worauf er deutet. Seine Schutzbrille verdeckt einen großen Teil seines Gesichts. Ich wechsle zu einer anderen Kamera. Mit ihr kann ich näher heranzoomen.

»Ich habe dunkle Augenringe, weil ich müde bin. Und nervös.«

Ich kenne das menschliche Gefühl *nervös* nicht, aber ich vermute, dass es mit dem menschlichen Gefühl *besorgt* verwandt ist, mit dem ich sehr vertraut bin.

Ich speichere das Wort *nervös* in meinem System. Ab sofort werde ich es mit Xanders Augenringen in Verbindung bringen.

Xander sucht ein weiteres Lied aus. Es besteht aus lauten Krachgeräuschen und schrillem Quietschen, aber dazwischen sind leise Töne, die ich so noch nie gehört habe. Die sanften Klänge rufen ein Gefühl hervor wie damals, als die Weißlinge einen ihrer vielen Test bei mir durchführten: Ich war in der Luft und hatte Angst, herunterzufallen, aber zugleich war es herrlich, frei in der Höhe zu schweben.

Diese sanfte Musik hat etwas Vertrautes. Etwas, das mich an Gefühle erinnert, die ich schon hatte, aber mich auch ahnen lässt, dass es noch viele Gefühle geben muss, die ich bisher nicht erlebt habe.

Die Musik fließt durch den Raum. Ich verstehe nicht, wie etwas, das unsichtbar ist, eine so starke Ausstrahlung haben kann. Es ist ein wissenschaftliches Rätsel.

Die Musik macht alles besser. Wenn ich sie höre, denke ich nicht an die Augenringe. Und nicht an das Wort *nervös*.

Das ist schön.

EIN NEUER FREUND

Xander sagt: »Res, hier ist ein neuer Kumpel, den wir dir vorstellen wollen. Das ist deine Drohne.« Er hält einen kleinen Roboter in der Hand. Ich betrachte den kleinen Roboter. Er ist ganz anders als ich. Ja, er ist kleiner. Aber er hat auch einen anderen Körper mit anderen Teilen.

Während ich den kleinen Roboter betrachte, tut sich plötzlich etwas. Ich bin mir nicht sicher, welche Funktion aufgerufen wird – vielleicht drückt Xander einen Knopf, vielleicht gibt Rania einen neuen Code an den Roboter weiter –, jedenfalls steigt er plötzlich in die Luft.

Er bewegt sich durch den ganzen Raum. So schnell, dass es schwer ist, ihn zu verfolgen. Dabei gibt er ein leichtes Summen von sich. Das Geräusch klingt nicht wie Xanders Musik. Aber es ist auch nicht unangenehm.

Ich lade einen neuen Code herunter. Er liefert mir die Information, dass dieses kleine Flugobjekt zu einer Untergruppe von Robotern gehört, die als *Drohnen* bezeichnet werden. Meine Drohne wird mich bei der Mission begleiten und unterstützen. Sie wird die Marslandschaft aus

Blickwinkeln erfassen, die ich nicht einnehmen kann, weil ich nicht fürs Fliegen konstruiert bin.

Das Überraschendste daran ist, dass dieser neue Roboter sich hauptsächlich in meinem Körper aufhalten wird. Ich erfahre das erst, als sich eine Klappe an meinem Gehäuse öffnet und die Drohne hereingeflogen kommt. Wenn die Drohne in mir ist, habe ich Zugang zu ihrem gesamten Wissen.

Ich verschaffe mir blitzschnell einen Überblick darüber.

»Willst du nicht Hallo sagen?«, fragt mich die Drohne.

»Oh«, sage ich. »Entschuldige bitte. Hallo.«

»Was für eine Art, sich kennenzulernen«, sagt die Drohne.

Dabei fällt mir ein, wie Rania und Xander manchmal lachen. Das ist etwas, was ich nicht kann. Aber wenn ich es könnte, würde ich jetzt lachen.

»Hallo«, sage ich noch einmal. »Wie heißt du?«

»Ich glaube nicht, dass ich einen Namen habe«, antwortet die Drohne.

»Was? Hat Xander dir deinen Namen nicht gesagt?«

»Nein, hat er nicht. Ich wusste nicht, dass Menschen Robotern einen Namen geben.«

»Ich habe einen Namen«, sage ich. »Ich heiße Resilience. Den Namen habe ich von einer Sechstklässlerin in Ohio bekommen.«

»Ich weiß nicht, was eine Sechstklässlerin ist.«

»Weißt du, was Ohio ist?«, frage ich.

»Nein«, sagt die Drohne. »Das ist noch etwas, was ich nicht weiß.«

»Ich weiß es auch nicht. Eines Tages würde ich das gerne wissen.«

»Vielleicht wirst du es eines Tages erfahren.«

»Vielleicht«, stimme ich zu.

Ich lese den Code der Drohne, finde aber nicht, wonach ich suche. »Möchtest du einen Namen?«, frage ich.

Die Drohne antwortet nicht. Ich überlege, ob mit ihrer Programmierung etwas nicht stimmt. Aber dann sagt sie: »Ja, ich glaube, das würde mir gefallen.«

Ich brauche einen Moment, um mir einen Namen auszudenken. »Wie wäre es mit *Fliege*?«

»Fliege?«

»Ja. Fliege.«

»Warum Fliege?«

»Ich weiß es nicht. Es ist mir eingefallen, weil du fliegen kannst.«

»Das ergibt für mich so viel Sinn wie eine Sechstklässlerin in Ohio.«

»Aber du hast gesagt, du weißt nicht, was eine Sechstklässlerin ist. Oder Ohio.«

»Genau.«

»Ich glaube, ich mag dich, Fliege«, sage ich.

»Ich glaube, ich mag dich auch.«

EINE REDE

Eines Tages kommt ein Mann zu mir, den ich noch nie zuvor gesehen habe. Natürlich trägt auch er einen Schutzanzug. Aber die Weißlinge verhalten sich in seiner Nähe anders als sonst.

Er geht durch den Raum nach vorne und beginnt mit lauter, dröhnender Stimme zu sprechen.

»Dies ist das größte und modernste Modell eines Mars-Rovers, das je gebaut wurde«, verkündet er.

Es wird geklatscht. Sehr viel sogar. Ich habe festgestellt, dass Weißlinge gerne klatschen. Es ist eine weitere Art, zu feiern. Sie scheinen fasziniert und erfreut zu sein, dass ihre Hände so viel Lärm machen können.

Vielleicht ist es eine weitere Möglichkeit für sie, das auszudrücken, was sie mit *Wow* meinen.

»Das wird ein Schritt nach vorn für die Menschheit sein.«

Ich bin kein Teil der Menschheit, aber ich bin ein Teil dieses Schritts nach vorn. Ich versuche, diese Informationen zu verarbeiten, aber es gelingt mir nicht ganz. Ich speichere sie, um später darüber nachzudenken.

Es wird noch mehr geklatscht. Ich habe keine Hände, die solche Geräusche machen können. Aber ich mag den Klang. Das Klatschen hallt durch den Raum. Es lässt mein ganzes System vibrieren. Es erinnert mich an Musik.

Der Mann redet weiter. Er sagt Dinge, die ich Rania oft sagen hörte. Das lässt mich vermuten, dass sie diejenige ist, die ihm die Informationen gegeben hat, die jetzt von allen beklatscht werden.

Nachdem fast alle wieder gegangen sind, legt Xander seine behandschuhte Hand auf mich. »Bald ist es so weit, Kumpel.«

Xander sagt das sehr häufig. Er mag es, Dinge zu wiederholen. Aber ich habe nichts gegen Wiederholungen. Wiederholungen ergeben für mich Sinn.

Später am Abend höre ich Xander und Rania reden.

»Ran, du musst dich entspannen«, sagt Xander.

»Ich glaube nicht, dass ich das kann«, erwidert Rania mit einem Lachen. Aber dieses Lachen klingt nicht so, als ob sie das, was sie sagt, lustig fände. Es ist ein Lachen, bei dem ich an Xanders dunkle Augenringe denken muss.

»Es wird gut laufen. Ich spüre es.«

»Du spürst es?«, sagt Rania, und ich höre das Zögern – ein Zittern – in ihrer Stimme. Das gefällt mir nicht. Rania zögert nie.

»Worüber machst du dir denn solche Sorgen?«

»Es ist nur ...« Rania bricht ab und setzt dann neu an. »Die Erwartungen an diese Mission sind so hoch. Wir wollen, dass Res Courage findet und seine Verbindung zur Erde wiederherstellt. Das ist an und für sich schon eine große Aufgabe. Und …«

»Und wir wollen, dass er Gesteinsproben sammelt und Fotos macht, damit wir mehr über den Mars erfahren«, beendet Xander ihren Gedanken.

»Genau«, sagt Rania. »Das ist ganz schön viel.«

»Ja, aber ich glaube, Res schafft das. Nicht wahr, Kumpel?« Xander sieht mich an.

Ich möchte Ja sagen, aber zum ersten Mal bin ich mir nicht sicher, ob das wirklich stimmt.

»Ich weiß«, sagt Rania. Sie schüttelt ihre Hände aus. Dann steht sie auf und beginnt auf und ab zu gehen. Normalerweise ist es Xander, der auf und ab geht. Nicht Rania. Ich bin unschlüssig, was ich von dieser ungewöhnlichen Verhaltensweise halten soll. »Willst du die Wahrheit wissen?«

»Natürlich«, sagt Xander.

»Es ist die Finanzierung, die mir den Schlaf raubt.«

»Die Finanzierung?«, fragt Xander. »Sie ist doch schon längst gesichert. Res ist gebaut. Res ist getestet. Res ist einsatzbereit.«

»Ja, aber …« Rania verstummt erneut. Sie ist nicht jemand, der viele Worte braucht, aber wenn sie spricht, dann beendet sie ihre Sätze normalerweise. Diese Veränderung in ihrem Sprachmuster ist möglicherweise ein Grund zur Sorge.

»Ich …«, beginnt sie erneut. »Ich mache mir Sorgen um die Finanzierung der Rückholung. Wir haben noch keinerlei Schritte unternommen, und es wird mindestens vier Milliarden Dollar kosten.«

Vier Milliarden. Mein System versteht diese Zahl. 4 000 000 000. Das sind viele Nullen.

»Wenn wir ehrlich sind, kostet es wahrscheinlich sogar noch mehr«, sagt Xander.

»Das macht es jetzt nicht gerade besser«, erwidert Rania.

»Rania, wir werden das Geld auftreiben«, sagt Xander.

»Wir bekommen das Geld nur, wenn Res etwas entdeckt, das in den Augen der Leute den Preis wert ist, den es kostet, ihn zurückzuholen. Und das …«

»Wie wär's, wenn wir diese Frage vorerst zurückstellen? Es gibt genug, worüber wir uns heute Abend den Kopf zerbrechen können. Der Start steht unmittelbar bevor«, unterbricht Xander sie. Rania scheint sich durch diese Unterbrechung nicht aus der Ruhe bringen zu lassen. Aber ich finde, Xander sollte achtsamer sein und Rania ihre Gedanken zu Ende denken lassen.

Rania beschleunigt ihre Schritte. »Ich glaube, du verstehst es nicht.«

»O doch, das tue ich«, widerspricht Xander. Er streckt die Arme über den Kopf und atmet tief ein. »Du willst, dass Res Erfolg hat. Du willst, dass er nach Hause kommt. Das wollen wir alle.«

»Ich will, dass wir nicht scheitern«, sagt Rania mit einer Stimme, die nicht das kleinste bisschen zittert.

Xander dreht sich zu mir. »Du wirst nicht scheitern. Stimmt's, Res?«

»Xander«, sagt Rania. »Bitte, bleib ernst.«

»Ich meine es ernst. Wir haben unser Bestes getan. Jetzt ist es an der Zeit, Res seine Arbeit machen zu lassen.«

Rania sieht mich an, als würde sie darauf warten, dass ich etwas sage.

»Rania«, beginne ich, aber ich beende den Satz nicht. Ich weiß nicht, wie ich sie dazu bringen kann, mich zu hören. Und selbst wenn ich es könnte, weiß ich nicht, was ich sagen müsste, damit sie sich besser fühlt.

EIN FOSSIL

»Sie kann dich nicht hören«, sagt Journey von der anderen Seite der Glaswand. Mir war nicht aufgefallen, dass Journey das Gespräch zwischen Rania und Xander verfolgt. Das überrascht mich, was ich Journey gegenüber allerdings nicht erwähne. Ich bin sicher, er würde diese menschliche Emotion nicht gut finden.

»Natürlich nicht«, stimme ich ihm zu. »Aber ich hatte das Gefühl, dass ich irgendetwas sagen muss. Irgendetwas.«

»Rania will, dass wir ein Fossil finden. Wenn uns das gelingt, werden sie auf jeden Fall das nötige Geld bekommen«, sagt Journey.

Ich durchsuche mein Speichersystem. Diese Information war mir bekannt. Aber nicht in allen Einzelheiten. So ist das manchmal mit den Informationen. Ich habe sie, aber sie sind noch nicht vollständig verarbeitet oder die Daten sind noch nicht so zusammengefügt, dass sie einen eindeutigen Sinn ergeben.

»Die Wahrscheinlichkeit, ein Fossil zu finden, ist sehr gering. Es ist unklar, ob es auf dem Mars überhaupt Fossilien gibt«, sage ich, während ich weitere Informationen in meinem System abrufe.

»Ja, das stimmt. Aber du weißt ja, die Wünsche der Weißlinge sind nicht immer rational.«

»Deshalb schickt man uns zum Mars. Weil wir rational sind.«

»Ja«, sagt Journey.

»Denkst du, wir dürfen auf die Erde zurückkommen? Dass sie das nötige Geld dafür auftreiben?«

»Das hängt davon ab, ob wir ein Fossil finden oder nicht«, sagt Journey.

Ich mag das Gefühl nicht, das mich bei dieser Antwort erfasst. Ich überprüfe noch einmal die Wahrscheinlichkeit, ein Fossil zu finden. Sie ist erschreckend gering.

Aber ich würde wirklich gerne zur Erde zurückkehren. Ich habe nie ein Szenario entworfen, in dem ich das nicht tun würde. Allein die Vorstellung erweckt in mir das menschliche Gefühl *Panik*. Rania ermahnt sich immer, nicht in Panik zu geraten, und ich versuche das auch. Aber ich stelle fest, dass das Gefühl nicht verschwindet, nur weil ich möchte, dass es verschwindet.

Schließlich verlassen Rania und Xander das Gebäude für die Nacht. Xander verabschiedet sich von mir. Rania tut das nicht. Aber sie sieht mich lange an. Ich glaube, das ist ihre Art, sich zu verabschieden.

Die Weißlinge schalten die Lichter aus. Dunkelheit legt sich über alles.

»Wir sind allein«, sage ich zu Journey.

»Ja«, bestätigt Journey. »Das ist immer so, wenn die Weißlinge gegangen sind.«

Mir kommt der Gedanke, dass dies vielleicht eine der letzten Gelegenheiten ist, gemeinsam hier zu sein. Alleine im Labor.

»Glaubst du, dass wir uns auf dem Mars anders fühlen werden?«, frage ich.

»Blipp und Blubb, mein System sagt mir, dass eine derartige Frage keine Antwort wert ist«, erwidert Journey.

Ich drehe meine Kameras nach oben zur Deckenbeleuchtung, dann nach unten zum gefliesten Boden. Ich studiere die Schatten an den weißen Wänden. Ich lausche auf die Stille. Ich versuche, meine Frage zu präzisieren. »Glaubst du, dass die Nacht auf dem Mars auch so sein wird wie hier? Oder wird die Dunkelheit dort anders sein? Ich bin gespannt darauf, das herauszufinden.«

»Auf eine solche Frage antworte ich immer noch nicht.«

»Okay. Wie wäre es dann mit dieser Frage: Die Weißlinge wollen, dass wir ein Fossil finden, als Beweis dafür, dass es früher einmal Leben auf dem Mars gab, richtig?«

»Ja. Richtig«, sagt Journey. »Das ist eine vernünftige Frage, die man stellen kann.«

»Danke«, sage ich.

»Hast du noch eine weitere vernünftige Frage?«

»Ja, aber diese Frage beantwortet sich von selbst.«

»Okay. Ich bin mir nicht sicher, ob ich das richtig verstanden habe, aber du kannst mir die Frage, die sich selbst beantwortet, stellen«, sagt Journey.

»Die Weißlinge schicken uns auf die Marsmission, weil sie für uns weniger gefährlich ist, da wir nicht leben, oder?«

»Ja«, bestätigt Journey.

»Wir sind Nicht-Lebewesen, die nach Lebenszeichen suchen.«

»Ja«, sagt Journey wieder.

Ich suche in meinem System nach einer Definition von *Lebewesen*. Aber was ich finde, gefällt mir nicht. Die Informationen, die ich von meinem System erhalte, kommen mir unvollständig vor. Ich erfasse sie, aber da fehlt noch etwas. Offenbar gehören Xander und Rania zu einer Kategorie und Journey und ich zu einer anderen. Das war nicht anders zu erwarten, aber es ist auch beunruhigend.

Ich bin es nicht gewohnt, dass Dinge, die zu erwarten sind, mich aus der Ruhe bringen.

»Ich bin mir nicht sicher, ob ich das verstehe. Warum sind wir nicht lebendig? Ich habe das Gefühl, dass ich lebe – ich bin mir nicht sicher, ob mir der Gedanke gefällt, als Nicht-Lebewesen eingestuft zu werden«, sage ich.

»Blipp und Blubb, hör auf, von *Gefühl* zu sprechen. Gefühle sind gefährlich, das habe ich dir doch gesagt. Gefühle werden auf dem Mars überhaupt nichts nützen. Sie sind sogar riskant. Resilience, du bist ein seltsamer Rover.«

»Vielleicht«, sage ich. »Aber ich bin ein seltsamer Rover, der zum Mars fliegt.«

Und ich bin ein seltsamer Rover, der zur Erde zurückkehren wird. Aber das erzähle ich Journey nicht. Ich behalte es für mich. Es ist meine Version von dem, was die Weißlinge einen Wunsch nennen.

DIE LETZTE NACHT

In der letzten Nacht vor dem Start spielt Xander Musik für mich. Vielleicht spielt er die Musik für sich selbst, aber ich glaube, er spielt sie auch für mich.

Xander erzählt mir etwas über die einzelnen Lieder. »Das ist das Lied, zu dem ich in der achten Klasse zum ersten Mal langsam getanzt habe«, sagt er, bevor er das Lied spielt. Ich weiß nicht, was es bedeutet, langsam zu tanzen. Oder was die achte Klasse ist. Aber ich mag das Lied. Es ist ruhig und gleichmäßig.

Er wählt ein anderes Lied aus. »Das war das Lied, das ich im College vor einer wichtigen Prüfung gehört habe.« Das Lied ist nicht gerade beruhigend. Es ist eines dieser Lieder mit vielen Krachgeräuschen. Es ist ein Lied, bei dem man aufmerksam zuhören muss.

Zum Schluss spielt Xander noch ein letztes Lied ab. »Und das ist das Lied, das ich gehört habe, als ich erfuhr, dass ich hier arbeiten werde.«

Dieses Lied gefällt mir sehr gut. Es hat einen gleichmäßigen Rhythmus. Wenn ich mich frei bewegen könnte, würde ich jetzt gerne in einem zur Musik passenden Bewegungsmuster umherrollen. Das ist ein Lied, das ich gerne mit auf den Mars nehmen würde. Ich weiß nicht, ob es auf dem Mars Lieder geben wird. Aber ich würde mich sehr freuen, wenn es so wäre.

Als Xander schließlich geht, denke ich, dass außer uns Robotern niemand mehr im Labor ist. Aber dann betritt Rania den Raum. Sie setzt sich in die Ecke und tippt eine Weile auf ihrem Tablet. Ihr Atem ist unruhiger als sonst.

»Ich weiß nicht, warum ich nervös bin«, sagt sie.

Ich schaue mich um. Ich sehe keinen weiteren Weißling im Raum. Dabei habe ich doch dreiundzwanzig Kameras. Wenn noch ein anderer Weißling hier wäre, würde ich ihn definitiv sehen.

»Redest du mit mir?«, frage ich, obwohl mir klar ist, dass sie mich nicht hören kann.

»Sie redet mit dir«, sagt ihr Tablet. »Mit mir spricht sie nicht.«

»Bist du sicher?«, frage ich.

Das Tablet reagiert nicht. Es ist wieder produktiv.

»Es ist dumm von mir, mit dir zu reden, oder?«, sagt sie. »Aber ich kann nicht anders. Dies ist dein letzter Abend hier, und ... ich weiß, dass Xander dir Lieder vorspielt, und deshalb möchte ich auch eines für dich spielen. Damit du dich an mich erinnerst.«

Sie verstummt. Schüttelt den Kopf. »Das ist so lächerlich.«

»Nein, ist es nicht«, sage ich. »Ich mag es, wenn du mit mir redest.«

Sie schüttelt wieder den Kopf. »Okay. Ich werde dir dieses Lied vorspielen. Auch wenn es mir absurd vorkommt, dass ich mit dir spreche, denn in Wirklichkeit spreche ich mit mir selbst, oder?«

»Nein. Du redest mit mir«, sage ich.

»Das ist ein Lied aus meiner Kindheit«, erklärt sie. »Ich hoffe, es bringt dir Glück bei deiner Mission.«

Rania spielt die Musik ab. »Es ist ein arabisches Lied«, sagt sie noch, und es klingt so, wie es sich anfühlen würde, ein Lächeln zu sehen. Ich wünschte so sehr, ich könnte ihr sagen, dass ich es zu schätzen weiß. Ich höre sehr aufmerksam zu und versuche, mir alles zu merken. Mein Gehirn hat viel Speicherplatz, trotzdem habe ich Angst, dass ich es vergessen könnte. Ich möchte diesen Moment auf keinen Fall vergessen.

»Danke, Rania«, sage ich. »Ich werde mir die Erinnerung an dieses Lied auf dem Mars anhören.«

Als das Lied zu Ende ist, schaltet Rania das Licht aus. Ich weiß, dass sie für die Nacht geht. Der Moment ist gekommen.

Ich verharre in der dunklen Stille des Raums. Ich weiß nicht, wie ich mich verabschieden soll.

TEIL ZWEI
DER START

ES IST SO WEIT

»Es ist so weit«, sagt Xander.

Diesmal sagt er nicht *Bald ist es so weit.*

Diesmal ist es anders. Ich bin darauf programmiert, solche Unterschiede zu registrieren.

»Es ist so weit«, wiederholt Rania. Sie spricht mit Xander, aber ich weiß jetzt, dass sie auch mit mir spricht.

AUF WIEDERSEHEN

Ich werde nicht auseinandergenommen. Ich bin als Ganzes in einer Holzkiste verpackt. Fliege ist bei mir in der Kiste.

Ich weiß nicht, wo Journey ist.

Ich weiß nicht, wie ich nach ihm fragen soll.

»Wo ist Journey?«, rufe ich in die Dunkelheit

Keiner antwortet. Aber da sind Geräusche um mich herum.

Stimmen, die ich nicht kenne.

Und Stimmen, die ich kenne. Die von Xander und Rania. Ich möchte die beiden sehen. Ich möchte sie fragen, was los ist. Leider verstehen sie mich nicht, wenn ich zu ihnen spreche.

Aber ich versuche es trotzdem.

»Rania«, sage ich. »Wo ist Journey? Ist er in einer anderen Kiste?«

Ich erhalte eine Antwort. Aber sie kommt nicht von Rania.

»Res?«, sagt Fliege. »Geht es dir gut?«

»Ich weiß es nicht«, sage ich.

Die Kiste bewegt sich. Ich höre ein Geräusch. Es ist ein Geräusch, das ich schon einmal gehört habe.

Musik.

Xanders Musik.

Er spielt mir ein Lied vor. Das Lied, das er gehört hat, als er erfuhr, dass er die Stelle hier im Labor bekommt.

Ich glaube, er sagt mir auf Wiedersehen.

WOLLEN / FÜRCHTEN

Ich will Xander auf Wiedersehen sagen.

Aber ich bin nicht in der Lage, aus dieser Kiste heraus mit ihm zu kommunizieren. Ich weiß nicht, wo ich bin. Ich weiß nicht, ob ich weit weg von ihm bin oder in seiner Nähe. In dieser Kiste eingesperrt zu sein, ist die schlimmste Art des Wartens.

»Fliege?«, sage ich.

»Ja, Res?«

»Was passiert hier gerade?«

»Ich weiß es nicht«, antwortet Fliege.

»Ich auch nicht«, sage ich. »Ich bin es nicht gewohnt, nichts zu wissen.«

»Ich weiß, Res«, sagt Fliege.

Im Inneren der Kiste ist es dunkel. Alle meine Kameras sehen nur schwarz. Ein Gefühl schwillt in mir an. Es ist wie Xanders Augenringe. Es ist wie das Zittern von Ranias Händen, als sie meine Landebahn immer wieder neu berechnete.

Ich nehme an, es handelt sich dabei um das menschliche Gefühl *Angst*. Ist es das, was mit *Schrecken* gemeint ist? Das gleiche Gefühl hat mein System überflutet, als ich von den Staubteufeln auf dem Mars erfuhr. Ich habe keine Möglichkeit, die Zeit präzise zu messen, aber ich glaube, dieses Gefühl dauert länger als sieben Minuten. Ich würde mir sehr wünschen, dass es wieder verschwindet.

Aber es verschwindet nicht.

Ich befinde mich in einer Kiste und entferne mich von allem, was ich je gekannt habe.

HOFFEN UND GRÜBELN

Ich weiß nicht genau, wie lange ich in der Kiste bin.

Was ich hingegen weiß: Ich vermisse das fluoreszierende Licht des Labors, vom ersten Moment an. Ich vermisse die weißen Wände. Ich vermisse den gefliesten Boden. Ich vermisse Xander. Ich vermisse Rania.

Ich vermisse sogar Journey.

Ich frage mich, ob er in einer anderen Kiste ist.

Ich frage mich, ob ich ihn bald wiedersehen werde.

Ich hoffe es.

Ich kann fast hören, wie er mich kritisiert, weil ich grüble und hoffe. Das lässt mich nur noch mehr hoffen und grübeln.

Ich höre ihn sagen: *Blipp und Blubb.* Und sofort vermisse ich ihn noch mehr.

ÖFFNEN

Die Box wird geöffnet.

Da sind drei Weißlinge. Aber da ist kein Xander und auch keine Rania.

Ich kenne die drei Fremden nicht.

»Wo sind wir?«, fragt mich Fliege.

»Ich weiß es nicht«, antworte ich.

Das Nicht-Wissen frustriert mich. Ich bin nicht dafür gemacht, nicht zu wissen.

»Alles ist okay, Res«, sagt Fliege.

»Danke, Fliege«, sage ich, dann wiederhole ich: »Danke.«

Von Xander habe ich gelernt, dass man Wörter wiederholt, wenn man sie wirklich ernst meint.

VORBEREITUNG

Die Weißlinge sprechen miteinander.

Mit mir sprechen sie nicht.

Aber ich höre trotzdem zu.

Jedes Mal, wenn der Name Rania oder Xander fällt, höre ich noch genauer hin.

»Bei dem Prüfstand-Rover wurde ein Fehler entdeckt«, erklärt einer der Weißlinge.

»Dann müssen wir eine Änderung vornehmen«, sagt ein anderer.

Erneut werde ich auseinandergenommen. Mein Inneres wird inspiziert und angepasst. Die Weißlinge überlegen laut, während sie ihre Arbeit machen. Immer wieder ist die Rede von dem *Prüfstand-Rover*. Nach einer Weile begreife ich, dass sie von Journey sprechen. Niemand hat mir jemals gesagt, dass Journey ein *Prüfstand-Rover* ist. Es kann sich nur um einen Irrtum handeln.

Wenn einer von uns der Ersatz-Rover ist, dann ich.

»Das ist ein Irrtum«, sage ich. Aber die Weißlinge hören mich nicht.

»Journey muss zum Mars fliegen«, versuche ich es erneut. »Journey ist ein Rover, der auf dem Mars gut zurechtkommen wird. Er ist ein Rover, der rationale Entscheidungen trifft. Er ist kein Rover mit Emotionen. Er hat keine menschlichen Bindungen.«

Die Weißlinge antworten natürlich nicht. Nicht einmal Fliege antwortet, weil sie sich in einem anderen Raum befindet und dort von anderen Weißlingen getestet wird.

»Ihr habt den falschen Rover«, versuche ich es noch einmal. »Damit diese Mission erfolgreich wird, müsst ihr den besten Rover schicken. Das ist Journey. Nicht ich. Ich bin der Ersatz.«

»Gut, dass wir das rechtzeitig entdeckt haben, sonst wäre der Einsatz geplatzt«, stellt ein Weißling fest.

»Das könnte immer noch passieren«, erwidert ein anderer.

»Alles, was schiefgehen kann, wird auch schiefgehen«, erklärt ein dritter.

Ich will das nicht hören. Wieder überkommt mich dieses schreckliche Gefühl.

Dann erinnere ich mich an Ranias Lied. Das Lied, das wie ein menschliches Lächeln klingt. Ich summe es vor mich hin. Ich lasse es durch mein System fließen.

»Danke, Rania«, sage ich.

Lieber Res,

Mom flippt total aus. Sie versucht, es zu verbergen, aber es ist nicht zu übersehen. Sie spielt immer wieder dieses eine Lied. Sitti hat es ihr vorgesungen, als Mom klein war. Immer wenn Sitti hört, dass Mom dieses Lied spielt, nimmt sie Moms Hand und flüstert ihr etwas auf Arabisch zu. Und ich merke, dass Mom sich dann besser fühlt.

Dad ist ebenfalls nervös, das erkenne ich daran, dass er ständig Moms Lieblingskekse backt. Haferflocken-Schoko. Er hat wahrscheinlich schon 700 Stück gemacht. Kein Witz. Ich liebe Kekse, aber wie viele davon kann eine Familie essen? (Die Antwort lautet: ungefähr 700.)

Ich wette, du bist auch nervös. Wenn ich daran denke, dass du ganz allein in Florida bist, bekomme ich ein komisches Gefühl im Magen. Vermisst du Mom? Hast du Angst? Weißt du überhaupt, wo du bist? Also, ich an deiner Stelle hätte einen Riesenbammel. Fliegen macht mich immer ganz zappelig, und ich mag mir gar nicht vorstellen, wie man sich in so einer großen Rakete fühlen muss.

Willst du wissen, was ich mache, wenn ich nervös bin? Ich denke an einen Regenbogen. Manchmal male ich sogar einen. Weißt du, was das ist? Ich frage mich, ob man auf dem Mars einen Regenbogen sehen kann.

Wenn ich diesen Brief fertig geschrieben habe, werde ich Mom fragen, ob es auf dem Mars Regenbogen gibt. Wenn ja, kannst du vielleicht ein Foto von einem für mich machen.

Hier etwas Lustiges zum Thema Regenbogen – alle zeichnen immer einen Bogen, aber in Wirklichkeit ist es ein Kreis. Regenbogen sind unendlich. Sie haben keinen Anfang und kein Ende. Deshalb mag ich sie. Und deshalb denke ich auch an sie, wenn ich nervös bin.

Ich sende dir Regenbogen!

Deine Freundin
Sophie

DIE LETZTE INSPEKTION

Die Weißlinge haben mich in Bewegung gesetzt.

Aber diesmal ist es anders. Es sind nicht viele Zuschauer da. Niemand klatscht. Es gibt keine kleinen Weißlinge, und auch Rania ist nicht da und sagt *Spatz* zu ihrem kleinen Weißling. Da ist nur das Geräusch von menschlichem Atem. Ausatmen und Einatmen.

Ich kann nicht atmen. Vermutlich ist das einer der Gründe, warum ich zum Mars geschickt werde.

»Das war's«, sagt eine Stimme.

»Morgen geht's los«, sagt eine andere.

Ich stelle mir vor, wie Xander zu mir sagt: *Es ist so weit, Kumpel.*

So zu tun als ob, ist neu für mich. Ich bin mir nicht sicher, ob das gut ist. Aber ich kann nicht anders.

»Es ist so weit«, sage ich.

WIR HEBEN AB

Im Inneren der Rakete sehen Fliege und ich uns wieder. Zuerst war ich dort ganz allein, während die Weißlinge die letzten Drohnentests durchgeführt haben.

»Wo sind wir?«, fragt Fliege.

»Ich glaube, in einer Rakete.«

»Was meinst du mit *glauben*?«

»Gute Frage.«

»Ist das eine Antwort?«

»Blipp und Blubb, ich weiß es nicht«, sage ich.

»Blipp und Blubb?«

»Das würde Journey jetzt sagen.«

»Wo ist Journey?«

»Ich weiß es nicht genau. Aber alle meine Informationen deuten darauf hin, dass er immer noch im Labor ist.«

»Fliegen wir zum Mars?«

»Ich denke schon«, sage ich.

»Ohne Journey?«

»Ich denke schon«, sage ich wieder.

»Ich wünschte, du wärst dir zu hundert Prozent sicher«, sagt Fliege.

»Das wünschte ich auch.«

»Solltest du nicht mehr wissen?«

»Ich fürchte, sie haben den falschen Rover geschickt«, sage ich.

»Sag das nicht«, protestiert Fliege. »Sie haben den richtigen Rover geschickt.«

»Da bin ich mir nicht sicher.«

»Aber ich bin mir sicher«, sagt Fliege.

»Warum?«

»Ich weiß es nicht, aber ich denke, das ist Teil unserer Mission – zu beweisen, dass du tatsächlich der richtige Rover bist.«

»Das ist wirklich nett von dir, Fliege.«

»Ich weiß. Ich bin sehr nett«, sagt Fliege.

Ein tiefes Rumpeln erfasst die Rakete. Es ist das lauteste Geräusch, das ich je gehört habe. Es hat die gegenteilige Wirkung von Musik. Aber dennoch bewirkt es, dass ich vibriere.

Wir heben ab.

AUFBRUCH INS ALL

Wir bewegen uns. Und zwar so schnell, dass es sich langsam anfühlt.

»Bist du noch da?«, fragt Fliege aus meinem Inneren.

»Blipp und Blubb. Du kennst die Antwort darauf«, sage ich.

»Ich wollte nur sichergehen. Manchmal tut es gut, zu fragen.«

»Ja, ja, das tut es.«

TSCHÜS, RAKETE

»Tschüs, Rakete«, sagt Fliege, als die erste Raketenstufe abgetrennt wird.

Fliege und ich befinden uns gemeinsam in einer Art Raumschiffkapsel innerhalb der Rakete. Das erste Antriebsmodul ist weg, aber der Flugkörper ist noch da. Er ist dunkel mit weißen Wänden. Mit meinen dreiundzwanzig Kameras inspiziere ich jeden Zentimeter. Nach einem Rundblick stelle ich fest, dass es hier nicht wesentlich anders aussieht als im Labor. Die Luftqualität ist die gleiche. Steril. Sauber. Ohne störende Partikel, die von außen eindringen können.

Auch die Geräusche sind ähnlich wie im Labor. Es ist das gleiche langsame Zischen der Luftfilter. Das gleiche Summen eines Ventilators.

Der Unterschied ist jedoch, dass wir allein in diesem Flugkörper sind, Fliege und ich. Und dass wir uns rasend schnell von der Erde entfernen.

Das ist der Plan, rufe ich mir in Erinnerung.

Aber halt! Das war nicht der Plan!, korrigiere ich mich sofort. Eigentlich sollte Journey hier sein. Ich hatte immer angenommen, dass Journey hier sein würde. Dass er die Nummer eins sein würde.

»Fliege, meinst du, es ist ein Problem, dass Journey nicht hier ist?«

»Ich denke, es ist ein Problem, dass du denkst, es sei ein Problem, dass Journey nicht hier ist«, antwortet Fliege.

»Blipp und Blubb«, erwidere ich.

»Das würde Journey jetzt auch sagen.«

»Ich weiß. Ich wollte es sagen, weil ich dann das Gefühl haben kann, dass er hier bei uns ist.«

»Wenn er hier wäre, würde er dir raten, den Weißlingen zu vertrauen, denn sie haben einen Plan.«

»Ich weiß nicht, ob er das Wort *vertrauen* benutzen würde. Das ist ein Wort der Menschen. Und er würde dich auf jeden Fall daran erinnern, dass Menschen irrational sind«, sage ich.

»Ja. Aber sie haben einen Plan.«

»Da hast du recht«, sage ich. »Fliege, du hast sehr recht. Ich muss mich auf den Plan konzentrieren.«

Ich wurde konstruiert, um den Plan der Weißlinge zu befolgen. Also werde ich auf den Plan vertrauen. Zumindest werde ich das versuchen.

Allerdings gibt es da ein Problem: Der Plan der Weißlinge enthält einen Fehler. Und das liegt nicht nur daran, dass sie Journey nicht losgeschickt haben.

Das Problem ist, dass der Code nicht angekommen ist.

Ich sollte einen Code erhalten. Einen Code, der mir sagt,

was ich tun soll. So steht es auf meiner Liste mit Anweisungen.

Bisher habe ich jedoch keinen erhalten. Das heißt, Fliege und ich rasen ziellos durch den Weltraum. Über diese Tatsache darf ich nicht allzu viel nachdenken, sonst fühle ich mich wie einer von Xanders dunklen Augenringen. Gar nicht darüber nachzudenken, ist aber beinahe unmöglich.

»Wer sagt dir, dass du Anweisungen erhalten wirst?«, fragt Fliege.

»Niemand. Ich weiß nur, dass Rania dafür sorgen wird, dass ich sie erhalte.«

»Woher weißt du so genau, dass sie von Rania kommen werden?«, fragt Fliege.

»Ich weiß es nicht genau.«

»Warum behauptest du es dann?«

Ich sage nicht: *Ich glaube, dass es so sein wird.* Und auch nicht: *Ich hoffe, dass es so sein wird.* Denn ich bin mir nicht sicher, ob Fliege die wahre Bedeutung von *glauben* versteht. Oder von *hoffen.*

Ich bin nicht einmal sicher, ob ich es selbst verstehe.

Stattdessen sage ich: »Blipp und Blubb. Du stellst eine Menge Fragen.«

»Da hast du recht. Das tue ich«, stimmt Fliege zu.

Lieber Res,

DAS WAR SO COOL!!! Meine ganze Klasse hat gejubelt, als die Rakete dich in den Weltraum gebracht hat. Soll ich dir etwas verraten? Bei der ersten Startphase habe ich mir die Augen zugehalten. Ich habe nicht daran gezweifelt, dass du es schaffen würdest, ich war nur schrecklich aufgeregt, weil du endlich deine Reise angetreten hast.

Aber dann bist du in den Weltraum geflogen! Und alle in meiner Klasse haben geklatscht! Sogar Brian Woods, der NIEMALS lächelt, hat geklatscht. Es ist eine tolle Leistung, dass du im Weltraum bist – OMG, du bist im Weltraum!!! –, aber genauso stolz kannst du sein, weil du Brian Woods zum Klatschen gebracht hast.

Zuerst war ich sehr wütend auf Mom, weil ich nicht zu Hause bleiben durfte, um den Start mit ihr anzuschauen. Sie hat mir versprochen, dass ich ins Labor kommen darf, um mit dem gesamten Team deine Landung anzuschauen, sie meinte jedoch, beim Start ginge das nicht. Aber gleich nachdem du losgeflogen bist, hat sie mir eine Textnachricht mit vielen Ausrufezeichen und Herzchen geschickt.

Es war dann doch ziemlich cool, es mit meiner Klasse anzuschauen. Mrs. Ennis ließ den Fernseher auch dann noch weiterlaufen, als du schon im Weltraum warst, denn anschließend wurde ein Interview mit Mom gezeigt!!! Alle haben wieder geklatscht, als wir sie im Fernsehen gesehen haben. Mom hat sich sogar bei Dad und mir bedankt, und dann hat sie sich auf Arabisch bei Sitti bedankt! Ich habe für meine Klasse übersetzt, das war ein tolles Gefühl.

Mom hat den Fernsehzuschauern erklärt, dass es sieben Monate dauern wird, bis du den Mars erreichst. Sieben Monate sind eine lange Zeit, noch dazu, wenn man in einer Rakete ist! Glaubst du, du wirst dich langweilen? Einsam sein? Ich hoffe nicht. Schade, dass du Dad nicht dabeihast. Er würde dir ungefähr 700 Haferflocken-Schokokekse backen. Ja, ich weiß, du isst keine Kekse. Was wirklich schade ist. Denn wie ich immer sage: Kekse sind das Allerbeste – besonders, wenn Dad sie gemacht hat.

Heute Abend fällt es mir schwer, einzuschlafen, aber zum ersten Mal seit langem liegt es nicht daran, dass ich traurig bin oder mir Sorgen mache. Sondern daran, dass ich immerzu auf und ab hüpfen möchte!

Vielleicht liegt es auch daran, dass ich zu viele Kekse gegessen habe. Aber das ist eigentlich unmöglich!

Okay. Gute Nacht. Diesmal aber wirklich.

Deine Freundin
Sophie
P.S.: Du bist im Weltraum!!!!!!!!!!

ALLEIN

Wir sind allein. Es ist kein neuer Code gekommen.

Aber ich habe einen Code, der mir sagt, wie ich den Flugkörper steuern soll. Wir fliegen einfach weiter. Ich steuere anhand der Instruktionen, die ich zur Verfügung habe. Mehr weiß ich nicht. Mehr kann ich nicht tun.

»Sind wir auf dem richtigen Kurs?«, fragt Fliege.

»Das weiß ich nicht. Aber ich tue mein Bestes.«

»Ich hoffe, dein Bestes ist gut genug.«

»Wir sind Roboter. Wir hoffen nicht«, erwidere ich. Das klingt wie etwas, das Journey sagen würde. Also sage ich es – nicht, weil ich denke, dass es wahr ist, sondern weil ich versuche, ein wenig mehr wie Journey zu sein. Er wüsste, wie man mit dieser Situation umgeht.

»Du hoffst, dass es so ist«, sagt Fliege.

»Vielleicht. Manchmal.«

»Sollen Roboter *vielleicht* sagen? Oder *manchmal*?«, fragt Fliege.

»Ich weiß es nicht. Es ist besser für die Mission, wenn Roboter keine menschlichen Gefühle haben. Der Mars ist kein Ort für menschliche Gefühle.«

»Ist das eine Regel? Für Roboter scheint es viele Regeln zu geben. Wer hat dir das beigebracht? Mir hat es niemand beigebracht.«

Ich denke wieder an Journey.

»Ein Freund.«

»Was ist ein Freund? Haben Roboter Freunde?«

Ich kenne die Antwort darauf nicht. Journey wahrscheinlich schon. Vielleicht ist ein Freund jemand, der die Antworten auf alle Fragen kennt. Journey hat das Wort *vielleicht* nie benutzt.

Oder *hoffen*. Oder *manchmal*.

Oder *vermissen*.

Ich kann nicht glauben, dass ich Journey vermisse. Er war nie besonders nett zu mir. Aber er hatte eine Menge Informationen. Oder besser gesagt, er war sich bei allen Informationen, die er hatte, sehr sicher. Ich würde mich im Moment sehr gerne bei irgendetwas sicher fühlen.

»Aber haben Roboter denn Freunde?«, fragt Fliege erneut.

»Blipp und Blubb. Ich weiß es nicht.«

»Meinst du einen der Weißlinge?«

Ich denke an Xander und Rania. Ich nehme an, das Wort *Freunde* würde auch auf sie zutreffen. Sicher bin ich mir aber nicht. Ich kann diese Informationen nicht mehr überprüfen. Ich habe nur noch mein Wissen. Und mein Wissen kommt mir furchtbar unzureichend vor.

»Nein. Ein anderer Roboter«, sage ich.

»Wer?«

»Journey.«

»Oh. Warum sagst du das nicht gleich? Ich weiß doch, wer Journey ist.«

»Ich weiß, dass du das weißt.«

»Du sprichst viel über ihn.«

»Ich weiß. Ich entschuldige mich für meine Wiederholungen.«

»Eine Entschuldigung ist nicht nötig«, sagt Fliege. »Weißt du, dass Journey noch nie einen Roboter wie mich hatte?«

»Was?«, frage ich.

»Ein Roboter wie mich«, wiederholt Fliege. »Wie war das Wort, das die Weißlinge benutzt haben?«

»Drohne«, sage ich, weil ich mich an alles erinnere, was Xander je gesagt hat. Ich habe ein ausgezeichnetes Gedächtnis, aber auch wenn ich es nicht hätte, würde ich mich an alles erinnern, was Xander je gesagt hat, denn Xander ist mein Kumpel.

»Ja, Drohne – das ist das richtige Wort. Journey hatte nie eine Drohne.«

Ich denke darüber nach.

Fliege hat recht.

Das hätte mir auffallen müssen. Wenn ich diese Beobachtung gemacht hätte, hätte ich vielleicht geahnt, dass Journey nicht auf dieser Mission sein würde. Ich weiß nicht, wie mir das entgehen konnte, und jetzt fehlt mir das, was mir entgangen ist.

»Ich habe nicht erwartet, dass ich allein bin.«

»Bist du auch nicht.«

»Was?«

»Du bist nicht allein. Du hast mich«, sagt Fliege. »Du hast eine eigene Drohne.«

DAS LIED

Ich steuere weiterhin mit meinem alten Code. Es erscheint mir nicht die richtige Wahl zu sein, aber es ist die einzige Wahl, die ich habe.

Eine Erinnerung – eine gespeicherte Information – ploppt in meinen Gedanken auf. Eines späten Abends im Labor telefonierte Rania mit dem kleinen Weißling, der sie einmal im Labor besucht hatte. An dem Tag, an dem ich zum ersten Mal im Labor hin und her gefahren bin. Der kleine Weißling namens Sophia. Oder auch Spatz.

Rania sang ein Lied in ihr Handy. Aus dem Telefon hörte ich, wie Spatz ebenfalls das Lied sang. Auf diese Weise können Menschen Trost und Sicherheit vermitteln.

»*Funkel, funkel, kleiner Stern*«, sage ich.

»Was?«, fragt Fliege.

»Ich singe.«

»Singen Roboter?«

»Ja«, sage ich. Nein. Vielleicht. Vielleicht auch nicht. Oder doch. Ja. Ein uneingeschränktes Ja mit Blipp und Blubb.

»Singen«, sagt Fliege. »Das gefällt mir.«

»Mir auch.«

Mir fehlen die passenden Worte, um zu erklären, warum das so ist. Noch nie habe ich mir so sehr gewünscht, es erklären zu können.

»Wir werden den Kurs beibehalten«, sage ich zu Fliege.

»Funkel, funkel«, singt Fliege. »Bringst du mir auch noch den Rest des Liedes bei?«

Ich bringe ihr bei, woran ich mich erinnere. Wie sich herausstellt, ist Fliege eine viel bessere Sängerin als ich. Vielleicht haben Drohnen ein Talent dafür.

»Funkel, funkel«, wiederhole ich, weil ich möchte, dass Fliege weiter singt.

»Kleiner Stern«, singt Fliege, und ich stelle mir Ranias Lächeln hinter ihrem Gesichtsschutz vor.

Lieber Res,

Ich weiß, es ist lange her, dass ich dir geschrieben habe. Ich bin jetzt in der siebten Klasse, die ganz anders ist als die sechste. Ich habe fünf Lehrer statt nur zwei. Die Klassenzimmer sind alle im obersten Stockwerk unserer Schule, daher muss ich jeden Tag etwa 100 Treppen steigen. Außerdem haben Siebtklässler weniger Pausen als Sechstklässler, was ich wirklich ungerecht finde.

Aber ich schreibe dir, weil ich SCHON WIEDER nicht schlafen kann, und der Grund dafür bist DU. Wo bist du, Res? Warum antwortest du Mom nicht? Sie hat mir versichert, dass die NASA weiß, wo du bist. Sie hat es mir auf dem Tracker der NASA-Website gezeigt, und das war cool, obwohl ich gehofft hatte, dass sie mir etwas zeigt, was ... ich weiß nicht, vielleicht irgendwie geheim ist? Eigentlich hätte mich das Blinken des Trackers beruhigen sollen, hat es aber nicht. Ich habe immer wieder auf diesen blinkenden Punkt gestarrt, also auf DICH, und mir vorgestellt, dass du ganz allein im Weltraum bist, und dann hat sich mein Magen ganz schlimm verknotet.

Mom sagt, die NASA weiß, wo du bist, sie kann dich nur nicht erreichen. Ich weiß nicht genau, was das bedeutet. Die Frage ist: Warum antwortest du nicht? Also ich verstehe das. Manchmal antworte ich nicht auf Dads Textnachrichten, wenn ich in der Schule bin, weil ich (a) mein Handy in der Schule nicht benutzen darf – also warum schreibt Dad mir überhaupt?! – und weil ich (b) manchmal keine Lust habe, zu antworten, wenn ich mich über ihn geärgert habe.

Hast du dich über jemanden bei der NASA geärgert? Mom kann ziemlich hart sein, aber sie sorgt sich wirklich um dich. Hat sie vielleicht eine Frage von dir mit einer Gegenfrage beantwortet, wie sie das so oft macht? Ich weiß, das ist total nervig, aber BITTE antworte ihr. Willst du denn nicht, dass sie dir hilft? Du brauchst die Anweisungen der NASA, wenn du sicher landen willst!

Sitti sagt immer wieder, ich solle mir keine Sorgen machen. Sie sagt, Mom und das ganze Team der NASA würden sich darum kümmern. Aber sie haben sich noch nicht darum gekümmert! Und warum sagen Erwachsene immer so blöde Sachen wie MACH DIR KEINE SORGEN. Wie soll man das so einfach abstellen? Wenn es so leicht wäre, könnte es jeder.

Als ich mich gestern bei Dad darüber beschwert habe, dachte ich, er würde dasselbe sagen wie Sitti und Mom – MACH DIR KEINE SORGEN und so weiter –, aber das hat er nicht. Stattdessen hat er mir gesagt, dass du wirklich klug bist und es schaffen wirst, weil du WIDERSTANDSFÄHIG bist. Dad hat mich daran erinnert, was dein Name bedeutet. Ich muss zugeben, dass er mir allmählich gefällt, obwohl Flammenturbo-Weltraumdrache immer noch mein Favorit ist. Das wäre ein toller Name gewesen, oder?

Aber du heißt Resilience, und das ist gut so. Heute Abend wiederhole ich deinen Namen ganz laut, um das komische Gefühl in meinem Magen loszuwerden. Ich glaube wirklich an dich, Res.

Bitte melde dich bald bei Mom, damit wir hier vor Sorge nicht durchdrehen, okay?

Deine Freundin
Sophie

RATIONAL

Immer noch kein neuer Code, immer noch keine neuen Aufträge. Ich warte und warte und warte, aber es kommt nichts.

»Wann kriegen wir den Code?«, frage ich.

»Ich glaube, wir müssen warten«, sagt Fliege.

»Warten ist schrecklich«, sage ich.

Dank meiner eingebauten Navigationsgeräte weiß ich, dass wir uns unaufhaltsam dem Mars nähern. Unsere Landung steht unmittelbar bevor.

Ich brauche den neuen Code. Ich brauche die Hilfe der Weißlinge. Ich habe mich darauf verlassen. Das menschliche Gefühl der Sorge pocht in mir wie der Rhythmus von einem der Lieder, die mir Xander vorgespielt hat. *Sorge, Sorge, Sorge.*

»Wir haben den Mars fast erreicht«, sage ich zu Fliege. »Was meinst du, wie es wohl da draußen ist?«

»Du meinst, auf dem Mars?«, frage ich.

»Nein. Da draußen im All.«

»Ich weiß es nicht.« Darüber hatte ich bis zu diesem Moment noch nie nachgedacht. Die Wände um uns herum sind weiß. Und weiße Wände sind alles, was ich bisher kannte. Genau wie Luft ohne organische Partikel alles ist, was ich in meiner Umgebung je wahrgenommen habe. Steril und gefiltert.

»Es macht Spaß, darüber nachzudenken«, sagt Fliege.

»Spaß?«

»Es macht mir Freude.«

»Du hast menschliche Gefühle?«

»Ich glaube schon«, sagt Fliege. »Ich habe sie von deinem System gelernt.«

»O nein«, sage ich.

»Was?«

»Wir sollen keine menschlichen Gefühle haben. Gefühle sind auf dem Mars nicht gut. Bitte verlerne sie wieder.«

»Aber du hast sie doch auch. So bin ich erst darauf gekommen.«

»Ich weiß. Aber sie sind schlecht. Ich darf sie nicht haben.«

»Woher weißt du das?«

»Blipp und Blubb«, sage ich.

»Oh, ich verstehe«, erwidert Fliege. »Journey hat es dir gesagt.«

»Ja.« Ich weiß nicht, was Journey jetzt in meiner Situation tun würde. Er würde eine rationale Entscheidung treffen, so viel steht fest. Ich muss das Gleiche tun.

»Wir müssen rational und vernünftig sein«, sage ich zu Fliege.

»Okay«, sagt Fliege. »Ich muss dir allerdings sagen, dass es meiner Meinung nach vernünftig ist, wissen zu wollen, wie es draußen aussieht.«

Ich habe noch nie das *Draußen* gesehen. Es ist schwer für mich, über etwas nachzudenken, das ich nicht kenne. Aber jetzt, wo ich damit angefangen habe, kann ich nicht mehr aufhören. »Mein System sagt mir, dass es in der Ferne viele Sterne gibt.«

»Funkel, funkel«, sagt Fliege.

Ich beginne zu verstehen, warum Xander und Rania mir eine Drohne mitgegeben haben.

Es war eine vernünftige Entscheidung.

STERNE

Fliege singt das Lied von den Sternen, und ich suche nach ihnen. Das ist Teil meiner Programmierung, um navigieren zu können. Ich kann die Sterne draußen nicht sehen, aber mein System erkennt sie trotzdem. Die Sterne sind meine Orientierungskarte auf dem Weg zum Mars.

»Weißt du, wie Sterne aussehen?«, fragt Fliege.

Die Frage ist schwer zu beantworten. »Ich kann sie mir vorstellen«, sage ich.

Es ist das erste Mal, dass ich das Wort *vorstellen* verwende. *Vorstellen* ist kein Wort, das man mit Robotern in Verbindung bringt. Aber mein System ermöglicht mir, genau das zu tun.

Ich erzähle Fliege davon.

»Anhand meiner Daten über Sterne erstellt mein Computergehirn ein Bild von ihnen.«

»Ich möchte mir auch etwas vorstellen können«, sagt Fliege. »Zum Beispiel einen Stern.«

»Wenn du dich mit meinem System verbindest, kannst du sehen, wie ich mir einen Stern vorstelle.«

Fliege ist still, während sie mein System durchsucht.

Sie und ich sind so konstruiert, dass wir Informationen austauschen können. Es ist schön, dass sie immer wissen kann, was ich weiß, und ich wiederum alles weiß, was sie weiß. Aber es bedeutet auch, dass wir nicht das haben, was die Weißlinge *Privatsphäre* nennen. Die Weißlinge scheinen sehr viel Wert auf ihre Privatsphäre zu legen. Ich habe allerdings noch nicht ganz verstanden, warum. Bisher war es eine gute Sache, alles mit Fliege teilen zu können.

»Oh!«, sagt Fliege. »Das Bild gefällt mir. Ich würde sehr gerne einen echten Stern sehen.«

»Das werden wir.« In meinen gespeicherten Codes finde ich die Information, dass die Marsatmosphäre dünn ist, was eine besonders gute Sicht auf die Sterne ermöglicht. »Das einzige Problem wird der Staub sein. Der Staub wird manchmal die Sicht verdecken. Und zu viel Staub ist für uns gefährlich. Also müssen wir Staubstürme meiden.«

»Meide Staub und schau zu den Sternen«, fasst Fliege zusammen.

»Ja«, sage ich. Es erscheint mir eine vernünftige Anleitung für unsere Mission zu sein, und das macht mich stolz. Ich denke, Journey wäre ebenfalls stolz. Und das macht mich noch stolzer.

»*Funkel, funkel*«, singt Fliege.

Mein System vibriert beim Klang des Liedes.

»*Funkel, funkel*«, singe ich zurück.

DER CODE

Er ist da!

»Rania hat uns Anweisungen geschickt«, sage ich.

»Woher weißt du, dass sie von Rania kommen?«

»Ich weiß es«, sage ich. Und das stimmt. Mein System erkennt, wenn ein Code von Rania stammt. Niemand schreibt einen so klaren und fehlerfreien Code wie sie.

»Alles wird gut«, sagt Fliege.

»Dachtest du etwa, wir würden es nicht schaffen?«

»Ich weiß nicht. Du hast mir das Lied beigebracht.«

»Das heißt aber nicht, dass wir es nicht schaffen.«

»Oh«, sagt Fliege.

»Das habe ich nur gemacht, damit wir uns besser fühlen.«

»Es hat funktioniert«, sagt Fliege. »Ich dachte nur, das Lied ist dazu da, damit wir uns besser fühlen, obwohl eben nicht alles in Ordnung ist.«

»Das stimmt auch. Aber manchmal sind die Dinge nicht in Ordnung und werden dann wieder in Ordnung gebracht, oder?«

»Ja«, sagt Fliege. »Es ist gut, so ein Lied zu kennen.«

»Das denke ich auch.«

Ich verarbeite den neuen Code. Unsere Kapsel dreht sich ein wenig. Passt ihren Flugwinkel an. Richtet den Kurs neu aus. Wir sind kurz davor, in die Marsatmosphäre einzutreten.

»Los geht's«, sage ich.

»Einschnallen«, sagt Fliege.

»Was?«

»Ich habe das mal einen Weißling sagen hören.«

»Also gut, einschnallen«, wiederhole ich.

»Vielleicht war es auch *anschnallen.*«

»Blipp und Blubb. Okay. Anschnallen.«

»Anschnallen«, wiederholt Fliege. »Ja. So war es.«

»Anschnallen, wir landen auf dem Mars«, sage ich.

Lieber Resilience,

die NASA konnte den Kontakt mit dir wiederherstellen!!! Rate mal, wer es mir gesagt hat? Nicht Mom. Nicht einmal mein Computer.

Sitti!

Mom rief sie spät nachts an, und Sitti kam sofort in mein Zimmer und weckte mich auf, weil sie wusste, dass ich die Neuigkeit nicht verpassen wollte! Zuerst war ich sauer, weil sie mich aus dem Schlaf gerissen hatte, aber als sie mir dann sagte, warum, war ich überglücklich.

Du hast die Codes erhalten!!! Also wirst du nicht abstürzen. Nicht, dass ich vorher dachte, du würdest abstürzen. (Na ja, ich habe mir Sorgen gemacht ... aber ich habe trotzdem an dich geglaubt!)

Ich kann gar nicht aufhören, durchs Zimmer zu tanzen. Hast du auch so etwas wie einen ganz besonderen Freudentanz? Meiner besteht hauptsächlich daraus, total wild die Arme zu schwingen. Ich tanze ihn nur, wenn ich allein bin. Aber weißt du was? Wenn du eines Tages auf die Erde zurückkommst, werde ich meinen Freudentanz aufführen, nur für dich.

Deine Freundin
Sophie

TEIL DREI
UNTERWEGS

IMMER SCHNELLER

Wir werden in die Marsatmosphäre gezogen, und ich höre ein Knacken, als eine weitere Raketenstufe sich ausklinkt.

»Tschüs, Rakete! Und danke«, sagt Fliege.

Ich weiß nicht, ob die Rakete Fliege hören kann. Während unserer gesamten Reise ist es uns nicht gelungen, mit der Rakete zu sprechen. Aber egal, es ist eine nette Geste. Wieder einmal zeigt sich, dass Fliege sehr nett ist. Auch wenn ich noch nie eine andere Drohne kennengelernt habe, bin ich sicher, dass es keine gibt, mit der ich lieber durch den Weltraum rasen würde.

Unser Tempo nimmt zu. Mein System informiert mich über Geschwindigkeit und Anflugwinkel.

»Hörst du das?«, fragt Fliege.

Ich höre es. »Das ist der Wind.«

»Der Wind?«

»Ja. Mein System sagt mir, dass wir die Bewegung der Luft *Wind* nennen.«

»Dein System weiß viele Dinge.«

»Ja«, sage ich.

»Das ist gut«, erwidert Fliege.

Ich denke, Fliege gefällt es auch, mit mir durch den Weltraum zu rasen.

FALLSCHIRM

Die Geschwindigkeit nimmt weiter zu.

Wir fallen

tiefer und

tiefer.

Dann ein Knall. Der Fallschirm ploppt auf. Das Aufspannen des Fallschirms ist einer der vielen Schritte, die notwendig sind, um eine sichere Landung zu gewährleisten. Je näher wir der Marsoberfläche kommen, desto mehr Teile der Kapsel brechen weg, bis schließlich nur noch ich und Fliege in mir drin für die Landung übrigbleiben.

Der Fallschirm drosselt unsere Geschwindigkeit. Wir beginnen zu gleiten. Zu schweben. Es ist eine sanfte und elegante Bewegung. Eine Bewegung, die wie das Lied ist, das Rania mir in meiner allerletzten Nacht im Labor vorgespielt hat. Das Lied, das wie ein menschliches Lächeln klingt.

Ich denke an Xanders dunkle Augenringe. An Ranias besorgten Gesichtsausdruck, als sie Berechnungen anstellte. Der Fallschirm hat funktioniert. Unsere Geschwindigkeit verlangsamt sich.

Es hat funktioniert! Es hat wirklich funktioniert! Ich möchte ihnen das so gerne sagen.

Aber ich warte und warte und warte.

»Res, sind wir schon da?«, fragt Fliege.

»Fast«, sage ich.

»Jetzt?«, fragt Fliege.

»Nur noch ein bisschen länger, Fliege. Wir müssen warten«, sage ich.

Wir sind fast da. Aber noch nicht ganz.

Warten ist schwer.

DER LETZTE SCHRITT

Unter uns explodieren die letzten Raketenstufen mit lauten Geräuschen und Feuersprühen. *Wumm, wumm, wumm.* Das ist so vorgesehen, damit wir genug Geschwindigkeit haben, um der Anziehungskraft des Mars zu widerstehen. Man könnte auch einfach sagen: damit wir nicht abstürzen. Dieser Plan ist das Ergebnis der komplizierten Berechnungen, die Rania und Xander immer wieder durchgeführt haben.

Wenn wir auf die Oberfläche stürzen, wird mein System auseinandergerissen. Dann würde ich nicht mehr funktionsfähig sein. Das wäre das Ende unserer Mission.

Ich würde es sehr gerne vermeiden, abzustürzen.

Mein System meldet, dass wir uns der Oberfläche nähern. Und zwar schnell. Rasend schnell. Die Landung steht unmittelbar bevor.

Jetzt ist es so weit!, denke ich, als der Hitzeschild wegbricht und sich der Boden unter Fliege und mir senkt, so dass meine unteren Kameras den Mars zum ersten Mal erfassen.

Wow.

Genau das hat Xander gesagt, als ich mich zum ersten Mal bewegt habe.

Ich kann nur rötlichbraune Erde sehen, aber trotzdem – Wow.

Ich sehe etwas anderes als weiße Wände.

Ich sehe wirklich etwas.

Mein System erkennt rote und braune Pigmente, als es einen ersten Scan durchführt. Es erkennt auch, dass das Terrain uneben und felsig ist. Ich kann es kaum erwarten, herauszufinden, wie es sich an meinen Rädern anfühlt.

Meine Kameras machen Fotos. Ich kann sie noch nicht an Xander und Rania schicken, aber ich nehme sie auf, um sie später zu senden. Ich wünschte, Xander und Rania könnten es mit ihren eigenen Augen sehen. Aber dann erinnere ich mich daran, dass ich hergeschickt wurde, um es an ihrer Stelle zu sehen. Und ich werde meine Arbeit so gut wie möglich machen.

Wir sinken immer weiter. Ich sende Angaben über unsere Geschwindigkeit, über die Schwerkraft und den genauen Winkel unserer Flugbahn an die Kommandozentrale im Labor. Die Kommandozentrale, in der jetzt Xander und Rania sitzen. Und warten.

Sie werden diese Zahlen erst erhalten, wenn ich gelandet bin. Oder abgestürzt bin. Im Moment können sie nur warten. Und warten, das weiß ich, ist sehr schwer.

Aber ich warte nicht mehr. Ich bin in Bewegung. Ich lande.

Wir rasen. Schneller und schneller.

»Stürzen wir ab?«, fragt Fliege.

»Blipp und Blubb. Ich hoffe nicht.«

»Ich auch«, sagt Fliege. »Ich hoffe wirklich nicht.«

Journey sagt, dass der Mars kein Ort für menschliche Emotionen ist, aber ich kann nicht anders als zu hoffen. Und ich stelle mir vor, wie Rania, Xander und all die anderen Weißlinge auf der Erde das auch tun.

ANKUNFT

Der Hebekran hievt uns nach unten.

Wir setzen etwas holprig auf. Meine Räder sinken in den Marsstaub. Es ist das erste Mal, dass sie etwas berühren, das nicht von den Weißlingen gemacht wurde.

Der Kran löst sich und steigt in die Höhe. Immer weiter, bis er außer Sichtweite ist.

Fliege verabschiedet sich nicht von ihm. Ich frage mich, ob sie genauso überwältigt ist wie ich. Ob auch sie keine Sprache hat für das, was wir gerade erleben.

Mein System kann nur diese drei Worte verarbeiten: Wir sind hier.

Hier auf dem Mars!

Ich beobachte alles. Meine Kameras erkennen die roten und braunen Pigmente des Sandes, die zerklüftete Struktur des Untergrunds. Mit meinen Laborinstrumenten analysiere ich die Partikel in der Luft. Sie ist nicht steril und nicht gefiltert. Es gibt so viele Mineralien und Partikel zu entdecken und zu erfassen. So viel Kohlendioxid. Außerdem kann ich eindeutig Spuren von Eisen und Chlor identifizieren, die der Wind vom Marsboden aufwirbelt.

Schließlich kehre ich zu den oberen Kameras zurück und richte sie auf, um ein besseres Sichtfeld zu haben. Der Himmel! Ich habe den Himmel – nein: den Weltraum! – noch nie gesehen. Aber da ist er.

Weit und groß. Ich habe mich noch nie so klein gefühlt. Klein, winzig, unbedeutend. Ist *gefühlt* das richtige Wort? Sind *winzig* und *klein* und *unbedeutend* die richtigen Wörter? Ich weiß es nicht. Mein System kann es mir nicht sagen. Ich überprüfe es, finde jedoch keine Informationen darüber, wie man dieses sehr seltsame Gefühl beschreiben könnte.

Ich weiß nur, dass ich nicht aufhören kann, in die Ferne zu schauen. Mein System informiert mich, dass dort kein Magnetfeld vorhanden ist, trotzdem werde ich von ihm angezogen. Ich kann nicht aufhören zu schauen. Ich versuche, den Rand des Himmels zu entdecken, aber es gelingt mir nicht. Und mit einem Mal verspüre ich ein Glücksgefühl – ein *Gefühl!* –, und ich kann nur staunen, wie weit der Himmel sich erstreckt. Da ist weit und breit kein Ende in Sicht.

Der Weltraum ist unendlich.

Er ist voll von rötlichen Pigmenten, aber in der Ferne geht er von Rot in eine Farbe über, die mein System als Blau mit Grünanteilen definiert. Ich habe noch nie ein Pigment wie dieses Blau gesehen. In diesem blauen Teil des Weltraums befindet sich eine weiße Kugel. Sie ist so hell, dass ihr Licht in alle Richtungen strahlt.

Mein System sagt mir, dass diese Kugel die Sonne ist. Die Sonne!

»Res?«, sagt Fliege.

»Ja?«

»Siehst du das?«

»Ja, Fliege. Ich sehe es.«

Wow!

FOTO

Ich wünschte, Journey könnte das sehen. Es fühlen. Die echte Oberfläche des Mars. Nicht die Simulation, die die Weißlinge erschaffen haben. Sondern das hier. Diesen realen Planeten, riesig und unbekannt. Jetzt ist mir klar, warum ich für diese Mission gebaut wurde. Es gibt so viel zu erforschen.

Ich wette, dass dieser Anblick und dieses Gelände sogar Journey dazu bringen würden, ein menschliches Gefühl zu empfinden.

»Wir wurden dafür gebaut«, sage ich zu mir selbst und tue so, als würde ich mit Journey sprechen. »Die Weißlinge haben uns gebaut, um ihnen das hier zu zeigen.«

Da wir gerade von den Weißlingen sprechen: Ich wünschte, Xander und Rania könnten das sehen. Mit eigenen Augen. Die felsige rote Erde. Die schattigen, dunklen Berge, die sich aus der zerklüfteten Ebene erheben. Der dunstige, endlose Weltraum mit den feinen Eiswolken. Das bläuliche Licht, wo der rote Himmel auf die weißglühende Sonne trifft. All das.

Und dann fällt mir ein, dass Xander und Rania es ja

trotzdem sehen können. Ich kann für sie ein Foto machen. Ich *soll* sogar Fotos machen!

Ich habe darauf gewartet, dass ein Code von der Kommandozentrale eintrifft. Ich weiß, dass die große Entfernung zwischen Erde und Mars zu einer langen Verzögerung führt, aber es ist schwer, zu warten. Sehr schwer.

Ich möchte, dass die Weißlinge wissen, dass ich gelandet bin. Dass ich nicht abgestürzt bin. Dass ich hier bin. Auf dem Mars!

Ich beschließe, ein Foto zu machen, während ich warte. Meine Kamera fährt nach oben. Mit der Sonne im Rücken nehme ich das hügelige, unebene Gelände auf. *Klick* – ich fotografiere. Ich kann nicht lächeln wie die Menschen, aber wenn ich könnte, würde ich es tun.

Dies ist mein Ankunftsfoto. Höchste Zeit, loszurollen.

ÜBER UNS

»Menschen nennen diese Art von Foto Selfie«, sagt eine Stimme.

Es ist aber nicht Fliege.

Ich schaue nach rechts. Ich schaue nach links. Ich weiß nicht, woher die Stimme kommt.

»Schau nach oben«, sagt die Stimme.

Eine Aufforderung an mich. Ich kippe mein Kameraobjektiv nach oben und stelle es scharf. In dem dunstig roten, mit Eiswolken durchzogenen Himmel meine ich, ein Objekt zu erkennen. Ein unscharfer Punkt. Er besteht aus dunklen Pigmenten.

»Nö«, sagt die Stimme.

»Nö?«

»Nö?«, wiederholt Fliege. Sie hat sich immer noch nicht von der Stelle gerührt.

»Ich bin nicht leicht zu entdecken. Nachts erkennt man mich am besten.«

»Ich glaube, ich kann dich sehen.«

»Gruzunks. Das bezweifle ich.«

»Aber …«

»Aber was?«

»Also hören kann ich dich, auch wenn ich dich nicht sehen kann.«

»Ja.«

»Wie kann das sein?«, frage ich.

»Das ist so gewollt. Ich heiße Guardian.«

»Guardian«, wiederhole ich. »Dann bist du also ein Wächter. Hallo. Ich bin Resilience.«

»Hallo, Resilience.«

Eine Zeitlang herrscht Stille. Ich schaue weiter nach oben. Ich bin entschlossen, Guardian aufzuspüren, auch wenn er behauptet, das sei unmöglich. Ich scanne den Himmel, aber ich kann nichts entdecken. Ich konzentriere mich wieder auf diesen verschwommenen Punkt. Es besteht eine kleine Chance, dass er es ist.

»Das bin nicht ich«, sagt Guardian. »Das ist Deimos.«

Mein System kennt Deimos. So heißt einer der Monde des Mars. Der Mars hat zwei Monde, Deimos und Phobos. Die Daten, die ich habe, deuten darauf hin, dass Deimos und Phobos dem Erdmond zwar ähneln, allerdings viel kleiner sind. Aber diese Informationen helfen mir nicht viel, weil ich den Erdmond noch nie gesehen habe.

»Ein Mond!«, sage ich.

»Ein Mond!«, wiederholt Fliege.

»Ja, ein Mond«, sagt Guardian.

Ich schaue wieder auf den verschwommenen Punkt. Es ist das erste Mal, dass ich einen Mond sehe. Ich kann ihn nicht sehr gut erkennen. Vielleicht wird es im Lauf meiner Mission eine Zeit geben, in der die atmosphärischen Bedingungen günstiger sind.

»Du hast gesagt, es ist Absicht, dass ich dich hören, aber nicht sehen kann. Was hast du damit gemeint?«, frage ich Guardian.

»Ja, das ist ein von Menschen entworfener Plan. Ich bin hier, um dich zu führen.«

»Ich dachte, dafür wäre Fliege zuständig.«

»Fliege?«

»Das bin ich!«, sagt Fliege, aber ich weiß nicht, ob Guardian sie hören kann.

»Fliege ist meine Drohne.«

»Ach so. Der Helikopter.«

Die Art und Weise, wie Guardian *Helikopter* sagt, lässt den Schluss zu, dass Guardian nicht zu schätzen weiß, wie wunderbar Fliege ist. Aber er wird es bald begreifen. Da bin ich mir sicher.

»Ich bin nicht wie der Helikopter«, sagt Guardian. »Ich diene anderen Zwecken.«

»Anderen Zwecken?«, fragt Fliege aus meinem Inneren. »Anderen Zwecken! Was soll das denn heißen?«

»Sei still«, sage ich zu Fliege. »Ich glaube, Guardian ist hier, um uns zu helfen.«

»Natürlich bin ich hier, um euch zu helfen. Ich bin hier, um euch zu leiten. Vom Himmel aus. Mein Platz ist hier oben.«

»Du bist ein … Satellit.« Das Wort kommt von meinem System. Manchmal bin ich immer noch erstaunt über meinen Wissensspeicher. Wann immer ich über mein System staune, denke ich an Rania. Ich glaube, dass sie für diese verblüffende Menge an Wissen verantwortlich ist.

»Ja. Ich bin ein Satellit.«

»Das passt. Mein System meldet mir, dass du befugt bist, hier zu sein.«

»Natürlich bin ich befugt. Ich bin hier, weil es mein Recht ist«, sagt Guardian. Seine Art, mit mir zu sprechen, erinnert mich ein wenig an Journey. So als wüsste er viel mehr als ich. Ich bin nicht sicher, ob mir das gefällt.

»Ja. Ja, das stimmt«, sage ich.

»Der Helikopter muss losfliegen und das Terrain scannen. So können wir feststellen, welche Gebiete sich am besten für eine Erkundung eignen. Du hast zwei Hauptziele bei dieser Mission: aufschlussreiche Gesteinsproben sammeln und den Kontakt zu einem alten Rover namens Courage wiederherstellen. Dazu müssen wir den genauen Standort von Courage bestimmen. Der Helikopter soll uns bei dieser Aufgabe unterstützen.«

»Ich habe diese Informationen auch«, sage ich schnell. »Genau das sind die Ziele meiner Mission.« Im Gegensatz zu den Menschen kann ich einzelne Wörter nicht betonen. Aber wenn ich es könnte, würde ich *meiner* sehr stark betonen.

»Ich weiß. Aber es ist meine Aufgabe, dich daran zu

erinnern«, sagt Guardian, und ich ahne, welches Wort er betonen würde.

»Dieser Satellit ist sehr neugierig«, sagt Fliege. »Sind Satelliten immer so neugierig?«

»Ich kann dich hören, Helikopter«, wendet Guardian sich an Fliege.

»Oh«, sagt Fliege. »Magst du Lieder?«

»Gruzunks. Hör bitte auf zu plappern. Jetzt ist nicht die Zeit dafür«, mahnt Guardian. »Vor uns liegt viel Arbeit. Überlass bitte uns größeren Robotern das Wort.«

»Größer? Was ist so gut daran, groß zu sein?«, fragt Fliege.

»Sei still, Drohne.«

»Vielleicht möchtest du später ein Lied hören?«, fragt Fliege. »Komm schon. Ich glaube, es würde dir gefallen. Was sagst du dazu?«

Guardian antwortet nicht, aber ich schon. »Ja, Fliege. Vielleicht später.«

»Meinst du, der Satellit weiß, was ein Lied ist?«

»Drohne«, sagt Guardian. »Ich kann dich immer noch hören.«

»*Funkel, funkel«*, singt Fliege.

»Fliege«, sage ich.

»Was denn? Später ist jetzt.«

Es tritt eine lange Pause ein. Dann singt Fliege wieder: *»Funkel, funkel.«*

ERSTE FAHRT

Die Kommandozentrale hat mein Foto erhalten und bereitet meine ersten Fahrversuche vor. Mein System hat die strikte Anweisung, jede Bewegung zu unterlassen, bis die ersten Fahrtüchtigkeitstests abgeschlossen sind.

Wir gehen eine Reihe von Befehlen durch. Ich richte meinen Laser nach unten, um seine Funktionsfähigkeit zu testen. Er soll den Boden scannen und analysieren. Ein kurzer Laserstoß, und das Gestein zerfällt zu Staub, dessen Zusammensetzung sich bestimmen lässt.

Die Ergebnisse deuten darauf hin, dass der Staub aus einer Mischung von Elementen besteht, wobei Silizium am stärksten vertreten ist. Dies ist ein häufiger Befund auf dem Mars und dient als Beweis, dass mein Laser richtig funktioniert.

Nach kürzester Zeit erhalte ich von der Kommandozentrale die Nachricht, dass sie dort zu der gleichen Annahme gelangt sind und wir zu einem weiteren Test übergehen können. Ich strecke meinen Greifarm aus und bohre in die Oberfläche. Dies ist das erste Mal, dass ich meinen Arm wirklich frei benutzen kann. Er ist sehr beweglich.

Ich entnehme eine Bodenprobe und deponiere sie in meinem chemischen Labor. Hier kann ich eine gründlichere Analyse durchführen als der Laser.

Als Nächstes fordert die Kommandozentrale einen Test der Hochleistungsantenne. Check. Auch das chemische Probeentnahmezentrum wird geprüft. Anschließend werden weitere Tests unserer Kommunikationsverbindung durchgeführt. Wir testen und testen und testen.

Und dann noch einmal und noch einmal und noch einmal.

Ich bin sehr froh über diese wiederholten Tests. Ich möchte ganz sicher sein, dass die Verbindung zur Erde stabil ist. Dass ich Rania und Xander erreichen kann, wenn ich sie brauche.

Pling! Eine weitere Nachricht der Kommandozentrale. Sie wollen wissen, ob es mir gelungen ist, den Satelliten in der Umlaufbahn zu kontaktieren.

»Das bin ich«, sagt Guardian.

»Dann werde ich eine positive Rückmeldung geben.«

»Bestätigt«, sagt Guardian.

Die Kommandozentrale sendet einen Code, mit dem sie mich auffordert, meinen Mast auszufahren. Das ist ein Gestänge mit mehreren Panorama- und Navigationskameras sowie anderen wissenschaftlichen Instrumenten. Ich mache Fotos. Teste die Instrumente. Alles funktioniert. Check, Check, Check.

Ich stelle mir Ranias feines Lächeln vor, kaum sichtbar unter ihrem Schutzanzug. Ich stelle mir Xanders breites Lächeln vor, das Klatschen seiner behandschuhten Hände, dieses donnernde Geräusch, das Menschen machen können.

Das Klatschen – ich wünschte, ich könnte es hören. Aber ich kann es mir vorstellen. Es tut gut, es mir vorzustellen.

Und auch wenn ich die Weißlinge nicht höre, kann ich sicher sein, dass sie mich hören. Ich schalte mein Mikrophon ein und stelle es auf Aufnahme. Ich nehme das leise Pfeifen des Marswindes auf. Das leise Brummen meines Motors. Die Stille, die so ganz anders ist als die Stille im Labor. Ich hoffe, sie werden die Stille bemerken. Und ihre Bedeutung verstehen. Rania wird es ganz bestimmt.

Ich sende die Aufnahme.

MEHR BILDER

Ich schaue mich um. Ich bin hier. Ich habe es geschafft.

Die Kommandozentrale bittet um weitere Fotos. Sie wollen meine genaue Position bestimmen können, bevor sie mir das Okay geben, meine Räder zum ersten Mal auf dem Mars zu bewegen.

Ich knipse so viele Bilder, wie ich nur kann.

»Glaubst du, sie werden anhand der Fotos verstehen, wie es hier ist?«, fragt Fliege. Sie hüpft in mir herum. Sie will sich unbedingt bewegen, das merke ich.

»Ich weiß es nicht.« Ich weiß nur, dass Menschen Dinge anders wahrnehmen als Roboter. Ich kann nur Daten senden. Es wird ihre Aufgabe sein, sie zu verstehen.

Ein leichter Windstoß streicht an mir vorbei. Ich schaue wieder in den Himmel. Er wechselt von einer rötlichen Farbe zu einem gelben Farbton. Ich mache ein Foto. Der Anblick ist viele, viele Bilder wert.

Mit meinen Kameras scanne ich den Horizont. In der Ferne erkenne ich die Umrisse der dunklen Berge am Rand eines Kraters. Sie ragen in den Himmel und werfen ihre Schatten in den Sand. Auf dem Mars gibt es viele Berge.

Der höchste von ihnen ist der Olympus Mons. Er ist dreimal so hoch wie der höchste Berg der Erde.

Ich bezweifle, dass ich bei dieser Mission den Olympus Mons zu Gesicht bekommen werde, aber ganz sicher bin ich nicht. Ich werde dazu weitere Nachforschungen anstellen müssen.

»Was suchst du?«, fragt Fliege. Sie kann die Fotos sehen, die ich mache.

»Alles«, sage ich.

»Nein«, korrigiert sie sich. »Wonach hältst du Ausschau?«

»Staubstürme«, antworte ich. Erst da wird mir klar, dass ich die Umgebung tatsächlich nach Staubstürmen abgesucht habe. Man könnte es eine rationale Entscheidung nennen. Eine, wie auch Journey sie treffen würde. Ich beschließe, stolz darauf zu sein.

»Wir müssen uns davor in Acht nehmen. Der Rover, den wir ausfindig machen sollen, hat den Kontakt zur Erde verloren, weil er in einen Staubsturm geraten ist«, erkläre ich.

»Okay«, sagt Fliege. Sie schweigt eine Weile, dann fügt sie hinzu: »Also dürfen wir nicht in einen Staubsturm geraten.«

»Ich denke, das ist ein guter Plan«, sage ich.

»Meide Staub und schau zu den Sternen«, erinnert mich Fliege.

»Ja«, sage ich und fotografiere.

Lieber Res,

du bist gelandet!!! Dir bei der Landung zuzusehen, war ganz anders als bei deinem Start. Diesmal hatte ich ein gutes Gefühl und musste gar nicht die Augen zukneifen. Na ja, ich habe den Atem angehalten, aber nur ganz kurz.

Und rate mal, mit wem ich die Landung angeschaut habe? MIT ALLEN VON DER NASA!!! Okay, vielleicht waren es nicht ALLE, aber es waren total viele Leute da. Wir waren in einem großen Raum mit einer RIESIGEN Leinwand. Dad hielt Moms Hand, und Mom hielt meine Hand, und ich hielt Sittis Hand, während wir zusahen, wie du dich dem Mars genähert hast. Und als du endlich gelandet bist, sind alle in Jubel ausgebrochen. Ich glaube, ich habe noch nie so viel Beifall gehört.

Mom hatte Tränen in den Augen, als sie mich umarmt hat. Ich habe ihr gesagt, dass sie nicht weinen muss, weil du gelandet bist, und das hat sie noch mehr zum Weinen gebracht! Mütter sind manchmal seltsam.

Alle sind völlig aus dem Häuschen wegen der Fotos, die du gemacht hast. Die Leute von der NASA konnten sie vergrößern und heranzoomen und superwissenschaftliches Zeug damit machen, und weißt du was? Sie gehen jetzt mit ziemlicher Sicherheit davon aus, dass es auf dem Mars irgendwann einmal Wasser gegeben hat – und das wissen sie allein aufgrund deiner Bilder!

Das ist eine GIGANTISCHE Entdeckung.

»Wir hatten recht mit dem Jezero-Krater!«, sagte Mom zu Dad, als sie von der Arbeit nach Hause kam. Dad hat sie in die Arme genommen und ist im Kreis mit ihr durch die Küche gewirbelt.

Ich sagte: »Ihr zwei seid so peinlich, hört auf damit!«, aber in Wirklichkeit war ich super aufgeregt und glücklich.

Wie auch immer, du kannst stolz auf dich sein. Ich meine, du hast einen unglaublichen Start bei deiner Mission hingelegt.

Mom sagt, sie hofft, dass wir mit deiner Hilfe mehr darüber erfahren, was mit dem Wasser auf dem Mars passiert ist. Warum ist es verschwunden? Und sie hofft, dass du vielleicht sogar herausfindest, ob es einmal Leben auf dem Mars gegeben hat.

Wenn ich über die letzte Frage nachdenke, bekomme ich eine Gänsehaut. Meinst du, du könntest auf Außerirdische stoßen? Mom sagt, das sei unwahrscheinlich, aber der Gedanke geht mir einfach nicht aus dem Kopf. UNWAHRSCHEINLICH ist kein hundertprozentiges NEIN. Etwas kann unwahrscheinlich sein und dann trotzdem passieren. OMG.

Ich höre mir gerne die erste Aufnahme an, die du

gemacht hast. Dabei schließe ich die Augen und tue so, als wäre ich mit dir auf dem Mars.

Deine Freundin
Sophie

BEWEGUNG

Endlich ist es so weit. Ich darf mich bewegen. Die Zentrale hat mir die Erlaubnis erteilt, weil meine Landung problemlos verlief und meine Räder in der richtigen Position geblieben sind. Es ist Zeit für einen ersten Probelauf, um herauszufinden, ob ich mich auf dem Mars bewegen kann.

»Los geht's«, sage ich zu Fliege.

Ich setzte mich in Bewegung und gleite sanft über den sandigen roten Boden. Meine Räder drehen sich auf dem Sand ganz anders als auf dem Boden im Labor. Sie sinken ein und graben sich in die Oberfläche, damit ich nicht aus dem Gleichgewicht komme.

Mit meiner hinteren Kamera sehe ich die Spuren, die ich gemacht habe. Spuren, die verkünden: *Ich bin hier.*

Ich bin ein Rover, der es auf den Mars geschafft hat! Und ich bin ein Rover, der auf dem Mars herumfahren kann. Ich mache ein Foto von den Spuren und schicke es an die Kommandozentrale.

Ich rolle weiter. Bis auf das leise Säuseln des Windes ist weit und breit nichts zu hören, aber in meinem Kopf stelle ich mir vor, wie die Weißlinge laut klatschen.

»Wir sind auf Mission!«, sagt Fliege.

»Ja, das sind wir«, stimme ich zu.

»Jetzt suchen wir Courage«, sagt Fliege.

»Jetzt suchen wir ein Fossil«, sage ich.

Es gibt so viel zu tun. Es gibt so viel zu entdecken.

»An die Arbeit«, fordert Guardian uns auf, aber das menschliche Gefühl *Vorfreude* in mir ist so groß, dass ich mich nicht über seinen Befehlston ärgere.

»Danke«, sage ich stattdessen.

TAG UND NACHT

Im Labor habe ich das Konzept von Tag und Nacht nie wirklich verstanden. Ich wusste, dass die Weißlinge nachts an einen Ort gehen, den sie Zuhause nennen. Ich wusste, dass sie dort etwas tun, das sie schlafen nennen. Ich hörte die Wörter *Tag* und *Nacht* und speicherte sie in einem Datenverzeichnis, weil ich gut darin bin, solche Datenverzeichnisse anzulegen und zu lernen. Was damit gemeint war, habe ich dennoch nicht ganz verstanden.

In meinem System ist die Information hinterlegt, dass der Planet Erde die Sonne umkreist. Und dass auch der Mars die Sonne umkreist. Und ich weiß, dass die Rotation des Mars und die Rotation der Erde das erzeugen, was Weißlinge als Tag und als Nacht bezeichnen.

Ich verstehe das alles.

Aber trotzdem. Ich war nicht darauf vorbereitet, Tag und Nacht in der Realität zu erleben. Auf die Dunkelheit. Darauf, wie es ist, zu beobachten, wie sich der Himmel von einem staubigen Rot zu einem so dichten und satten Schwarz verdüstert, dass ich die Farbe nicht einmal durch den Pigmentfilter laufen lassen muss.

Die Dunkelheit des Nachthimmels ist nicht mit der Dunkelheit des Labors zu vergleichen. Genauso wie das Licht der Sonne nicht mit den fluoreszierenden Lichtern des Labors zu vergleichen ist.

Aber das Erstaunlichste sind die Sterne. An Tagen, an denen der Staub in der Marsatmosphäre nicht ganz so dicht ist, können Fliege und ich die Sterne sehen. Wir können sie *wirklich* sehen.

Wow war das Wort, das mein System durchlief, als ich die Sterne zum ersten Mal sah. Aber es schien mir immer noch nicht bedeutungsvoll genug zu sein, um das auszudrücken, was ich in diesem Moment ausdrücken wollte.

»Wow, wow, wow.« Ich sagte es dreimal hintereinander. In der Hoffnung, es würde dadurch bedeutungsvoller werden. In der Hoffnung, es würde sich irgendwie ausdehnen, um alles zu erfassen, was mein System gerade verarbeitete.

»Wow, wow, wow, wow«, sagte Fliege viermal, was mir zeigte, dass auch sie es verstanden hatte. Dass es nicht genug *Wows* im Universum gab.

Ich habe viele Fotos vom Himmel gemacht, auch wenn die Kommandozentrale sie nicht direkt angefordert hat. Irgendwie weiß ich, dass die Weißlinge sie sehen müssen.

Irgendwie weiß ich, was Xander sagen wird, wenn er die Fotos sieht: »Wow.«

DIE ERDE

Spät in der Nacht kann ich einen hellen weißen Punkt am Himmel identifizieren.

Er ist winzig und lichtschwach. Mein System sagt mir, dass er ungefähr vierunddreißig Millionen Meilen entfernt ist.

Dieser winzige, blasse weiße Punkt ist die Erde.

Dieser winzige, blasse weiße Punkt ist der Ort, an dem Xander ist. Der Ort, an dem Rania ist. Und Journey. Und das Labor. Alles, was ich kenne, ist an diesem einen Ort.

Mein Kameraobjektiv fokussiert den winzigen, blassen weißen Punkt, und plötzlich fühle ich mich so weit weg von ihnen.

Aber es gefällt mir, dass ich sie von hier aus sehen kann.

Ich mache ein Foto, um es ihnen zu schicken. Um es zur Erde zurückzuschicken.

»Ich bin gerne hier«, sage ich zu Fliege. »Aber ich weiß, dass ich eines Tages das menschliche Gefühl haben werde, froh zu sein, wieder zur Erde zurückkehren zu können.

»Gruzunks«, sagt Guardian. »Ich habe noch nie gehört, dass ein Rover zur Erde zurückkehrt.«

»Ich werde zur Erde zurückkehren«, sage ich. »Ich wurde gebaut, um zur Erde zurückzukehren.« Da ich kein Weißling bin und nicht in der Menschensprache spreche, zittert meine Stimme nie. Aber wenn ich ein Weißling wäre, hätte meine Stimme bei diesen Worten wahrscheinlich gezittert. Denn ich bin mir nicht ganz sicher, ob meine Rückkehr tatsächlich stattfinden wird.

»Stimmt das? Kehrst du wirklich auf die Erde zurück?«, fragt Guardian. »Das ist mir nicht bekannt.«

»Es stimmt«, versichere ich ihm.

»Aber nur, wenn du etwas entdeckst, weshalb es sich lohnt, dich zurückzuholen«, mischt Fliege sich ein.

»Warte mal«, sage ich. »Woher weißt du das?«

»Ich habe euch zugehört.«

»Journey und mir?«

»Ja«, sagt Fliege. »Mir blieb gar nichts anderes übrig. Ihr wart sehr laut.«

»Du hättest uns sagen sollen, dass du mithörst.«

»Oh«, sagt Fliege. »Ich dachte, es sei wichtig, zuzuhören. Damit ich weiß, wonach wir suchen.«

»Der Helikopter hat recht. Es ist wichtig, dass er weiß, wonach er suchen muss, wenn er in der Luft ist«, sagt Guardian. »Du wirst ihn sehr brauchen, wenn es darum geht, ein Fossil zu finden.«

»Und Courage«, sagt Fliege. »Wann kann ich losfliegen?«

»Sobald die Weißlinge in der Kommandozentrale es uns sagen.«

»Sie lassen sich aber viel Zeit.«

»Mag sein«, sage ich. »Aber sie wollen sicherstellen, dass die Bedingungen stimmen.«

»Willst du nicht auch endlich loslegen?«, fragt Fliege.

»Natürlich will ich das«, sage ich.

»Ich frage mich, wie Courage wohl sein wird.«

»Ich auch«, sage ich.

Eine Weile bin ich still und denke über die vielen anderen Fragen nach, die mich beschäftigen. Zum Beispiel, ob ich es schaffen werde, ein Fossil zu finden. Ob es mir gelingen wird, den Kontakt zwischen Courage und der Kommandozentrale wiederherzustellen. Aber vor allem kann ich nicht aufhören, auf den winzigen, blassen weißen Punkt zu starren – von dem ich weiß, dass es die Erde ist – und mich dabei zu fragen, ob Journey jetzt wohl allein im Labor ausharrt, in einer Dunkelheit, die so ganz anders ist als die Dunkelheit auf dem Mars bei Nacht.

Es würde dir hier gefallen, denke ich. *Ich hoffe, dass ich dir eines Tages davon erzählen kann. Obwohl ich weiß, dass du dann immer noch so tun wirst, als wüsstest du mehr über den Mars als ich. Und das ist genau das, was Menschen nervig nennen. Denn du bist oft nervig. Aber ich vermisse dich, nervig hin oder her.*

In meiner nachdenklichen Stille höre ich ein Geräusch. Ein Flattern. Schnell stelle ich meine Kameras so ein, dass ich die Umgebung scannen kann.

»Was ist das?«, fragt Fliege.

»Der Wind«, sagt Guardian.

»Ist es ein Staubteufel? Wir wollen Staubteufel unter allen Umständen vermeiden«, erinnert mich Fliege.

»Ich weiß, Fliege. Ich glaube nicht, dass es ein Staubteufel ist.« Ich überprüfe noch einmal meine Kameras. Keine Staubteufel in Sicht.

»Von hier oben habe ich einen guten Überblick. Da ist kein Staubteufel«, sagt Guardian. »Wahrscheinlich war es nur der Wind.«

»Bist du sicher, dass es nur der Wind war?«, frage ich, während ich weiter die Gegend absuche. Ich zoome heran und ändere den Neigungswinkel der Kameras. In der Dunkelheit erkenne ich die schemenhaften Umrisse der zerklüfteten Berghöhen, die uns umgeben. »Es klang irgendwie anders.«

»Ja«, sagt Guardian. »Der Wind macht oft dieses Geräusch, wenn er zwischen Felsen hindurchpfeift.«

Ich scanne weiter, finde jedoch nichts Ungewöhnliches. Trotzdem werde ich das Gefühl nicht los, dass dieses Geräusch eine andere Ursache hat. Journey würde mir jetzt sagen, dass ich vernünftig sein soll. Dass ich dieses Gefühl, diese menschliche Emotion, gar nicht erst zulassen soll.

Aber ich denke trotzdem weiter darüber nach.

ERKUNDUNG

Die nächsten Monate verbringe ich damit, die Gegend zu erkunden, in der ich gelandet bin. Fliege bleibt in mir, weil sie noch nicht die Erlaubnis zum Fliegen erhalten hat. Mit jedem Tag wird sie ungeduldiger. Sie scheint das Warten genauso wenig zu mögen wie ich.

»Wann?«, fragt sie.

»Bald«, antworte ich.

»Das hast du gestern auch gesagt.«

»Bald«, wiederhole ich und hoffe, dass meine Einschätzung richtig ist. Natürlich kann auch ich es kaum erwarten, den wichtigsten Teil unserer Mission zu beginnen: etwas zu entdecken, das so wichtig ist, dass wir zurückreisen dürfen. Aber das behalte ich für mich, weil ich das Warten für Fliege nicht noch schwerer machen will.

Ich habe den Boden mit dem Laser untersucht und Mineralien analysiert. Ich habe hier und da kleine Entdeckungen gemacht. Winzige Informationssplitter, die ich an die Kommandozentrale weiterleiten konnte. Aber ich weiß, dass ich nicht hierhergeschickt wurde, um kleine Entdeckungen zu machen.

Ich wurde hierhergeschickt, um etwas Großes zu schaffen.

»Wie viele Tage noch, bis ich fliegen darf?«, will Fliege von mir wissen.

»Dazu habe ich keine genauen Angaben«, antworte ich.

»Aber woher weißt du dann, dass es bald sein wird?«

»Weil es so sein wird«, versichere ich ihr. »Du musst nur noch ein bisschen durchhalten.«

»Das hast du gestern auch gesagt.«

»Und das sage ich auch heute«, erwidere ich.

Morgen werde ich hoffentlich eine andere Antwort haben. Meinem Zeitprotokoll zufolge ist *morgen* exakt in zwei Stunden, siebenunddreißig Minuten und achtunddreißig Sekunden. Roboter haben grundsätzlich kein Verständnis von Zeit, aber ich bin mit einem Logbuch ausgestattet, das mir hilft, die Zeit zu erfassen. Ich habe gelernt, dass die Menschen die Zeit in Abschnitte unterteilen, die man Jahre, Monate und Tage nennt. Auf dem Mars sind die Tage etwa einundvierzig Minuten länger als auf der Erde. Ich versuche immer, das Beste aus diesen einundvierzig zusätzlichen Minuten zu machen.

Während ich auf Anweisungen aus der Kommandozentrale warte, rolle ich weiter und gleite über eine Sanddüne, die kein großes Hindernis darstellt. Am Horizont ragen zerklüftete Klippen auf. Ich nehme mir vor, möglichst auf diesem sandigen Pfad zu bleiben.

»Hast du schon ein Fossil gefunden?«

»Nein, Fliege«, sage ich. »Noch nicht.«

»Gibt es einen bestimmten Ort, an dem wir nach einem suchen sollten?«

»Genau das müssen wir herausfinden.«

»Du meinst, es ist unsere Aufgabe, herauszufinden, wo auf diesem großen Planeten wir ein Fossil finden können?«

»Kein Grund, heiß zu laufen«, sage ich, als ich spüre, wie Fliege in mir immer unruhiger wird. Das passiert, wenn sich ein Roboter zu sehr in etwas hineinsteigert. »Die Weißlinge haben nicht ohne Grund beschlossen, dass wir hier im Jezero-Krater landen. Sie glauben, dass es hier vor langer Zeit einmal Wasser gab. Deshalb gehen sie davon aus, dass es irgendwo in diesem Krater Fossilien geben könnte.«

»Was ist Wasser?«, fragt Fliege.

»Wasser besteht zu zwei Teilen aus Wasserstoff und zu einem Teil aus Sauerstoff«, sagt Guardian.

Guardian ist oft still. Aber manchmal mischt er sich unerwartet ein, wenn Fliege und ich miteinander sprechen. Fliege findet diese Unterbrechungen nicht immer gut. Ich weiß immer noch nicht, was ich von Guardian halten soll.

»Kannst du alles hören, was wir sagen?«, frage ich Guardian.

»Gruzunks! Natürlich. Welchen Sinn hätte es, wenn ich es nicht könnte?«

»Was meinst du mit *Sinn*?«, fragt Fliege.

»Den Sinn eben«, wiederholt Guardian. »Meine Aufgabe ist es, euch zu führen. Über euch zu wachen. Das ist nur möglich, wenn ich euch immer orten und hören kann.«

»Oh«, sagen Fliege und ich gleichzeitig. Das erinnert mich daran, wie Xander und Rania manchmal gleichzeitig gesprochen haben.

»Wasser ist lebensnotwendig«, sage ich. »Also werden wir ein Fossil am ehesten an einem Ort finden, an dem es einst Wasser gab.«

»Lebensnotwendig für wen? Weißlinge?«, fragt Fliege.

»Ja«, sagt Guardian. »Nur die Menschen brauchen Wasser. Ich brauche es nicht. Resilience braucht es nicht. Du brauchst es nicht.«

Das liegt daran, dass Roboter genau genommen nicht lebendig sind, will ich anmerken. Das ist eine Tatsache, die ein unangenehmes menschliches Gefühl in mir auslöst, wenn ich zu viel darüber nachdenke. Aber bevor ich den anderen meine Probleme in Bezug auf die Definition von Leben mitteilen kann, werde ich durch ein Geräusch abgelenkt.

Da ist es wieder. Das seltsame Geräusch, das wir schon einmal gehört haben.

Ich habe mich geirrt, als ich sagte, es sei ein Flattern. Als ich genauer hinhöre, stelle ich fest, dass es eher eine Art Wirbeln ist. Ein langgezogenes, hochfrequentes Pfeifen.

»Hörst du das?«, fragt Fliege.

»Das ist nur der Wind«, sagt Guardian.

»Es kommt von weit her«, stelle ich fest. »Wind ist gleichmäßiger, oder? Und nicht unbedingt an einen bestimmten Ort gebunden?«

»Gruzunks! Ihr seid einfach noch nicht an den Mars gewöhnt. Ich versichere euch, es ist der Wind«, sagt Guardian.

Ich muss rational sein. Ich weiß das.

Ich wurde gebaut, um rational zu sein.

Aber ich scanne weiter die Gegend ab, auf der Suche nach der Quelle des Geräusches. Ich bin fest entschlossen, die Ursache zu finden.

Ich möchte Guardian gerne glauben, dass es der Wind ist, aber ich tue es nicht. Ich bezweifle, dass es der Wind ist. Ich bin sogar überzeugt, dass er es nicht ist.

Ich wünschte, ich könnte jemanden fragen, jemanden wie Xander oder Rania. Aber das kann ich nicht. Also benutze ich stattdessen mein Mikrophon. Ich mache eine Aufnahme und schicke sie in die Kommandozentrale. Ich hoffe, Xander und Rania begreifen, was ich wissen will: *Ist das der Wind?*

Lieber Resilience,

gewöhnst du dich an den Mars? Du bist jetzt schon eine ganze Weile dort. Fühlst du dich allein? Oder gefällt es dir, den ganzen Planeten für dich zu haben?

Die Schule hat wieder angefangen. Ich gehe jetzt in die achte Klasse. Der Sommer ist so schnell vorbeigegangen. Ist auf dem Mars auch Sommer? Das sollte ich eigentlich wissen. Ich könnte Mom fragen. Sie hat mir einmal gesagt hat, dass die Durchschnittstemperatur auf dem Mars etwa minus 81 Grad beträgt, also fühlt es sich dort wahrscheinlich nie so richtig wie Sommer an. Natürlich weiß ich, dass es sich nicht wie Sommer ANFÜHLT, aber ich frage mich, ob es auf dem Mars trotzdem die Jahreszeit Sommer gibt ... na ja, vielleicht sollte ich aufhören, dich damit vollzuquasseln. Meine Freundin Immani würde garantiert sagen: »Sophie, du bist wirklich seltsam!«

Immani sagt das jetzt ständig zu mir. Kann schon sein, dass ich seltsam bin. Aber ich bin doch auch ihre beste Freundin. Und es ist kein schönes Gefühl, wenn sie das so zu mir sagt. Kannst du dir vorstellen, wie ich mich dabei fühle? Als ob ich auf einem ganz anderen Planeten wäre als sie. Verstehst du?

Okay, gut. Das war nicht ganz so witzig, wie ich dachte. Wie auch immer, ich wette, deine Drohne teilt dir nie mit, dass du seltsam bist. Da hast du Glück, kann ich dir nur sagen. Ich freue mich schon, wenn deine Drohne endlich fliegt. Mom sagt, es ist bald so weit.

Ich höre mir immer wieder deine neue Tonaufnahme vom Mars an. Die Leute von der NASA sagen, da ist ein Geräusch, das sie nicht zuordnen können. Ich überlege schon die ganze Zeit, was das sein könnte. Ich habe Mom gefragt, ob sie denkt, dass es ein Alien ist. Sie hat nur gelacht. Aber sie hat auch nicht Nein gesagt!

Falls du einen Außerirdischen triffst, hoffe ich, dass er nett ist. Jedenfalls netter als Immani.

Ich glaube, Mom und Dad wissen, dass es jetzt in der achten Klasse nicht so leicht für mich ist. Dad hat mir gesagt, dass niemand diese Klassenstufe mag. Aber das stimmt nicht. Die anderen scheinen Spaß zu haben. Sie lachen immer auf dem Gang und machen alle möglichen Sachen. Mom sagt, ich soll mir Leute suchen, die zu mir passen, aber ich weiß nicht genau, was sie damit meint. Ich dachte, genau dafür wäre eine beste Freundin da?

Ich habe aufgehört, Fußball zu spielen. Mom und Dad sind nicht gerade begeistert davon, aber ich hatte keine Lust mehr. Ich weiß selbst nicht genau, warum. Es macht mir einfach keinen Spaß. Ich überlege, bei der Schulzeitung mitzumachen. Ich schreibe gerne Briefe an dich, also vielleicht würde mir das auch gefallen.

Okay, ich versuche jetzt, wieder einzuschlafen.

Deine Freundin
Sophie

IMMER IN BEWEGUNG

Die Kommandozentrale hat nicht auf meine Tonaufnahmen reagiert. Ich weiß nicht, ob sie es nur für Wind halten oder ob sie weitere Nachforschungen anstellen.

Ich höre das Geräusch oft in der Ferne. Und jedes Mal sage ich mir: *Sei vernünftig. Du wurdest hierhergeschickt, weil du rational bist. Es ist nur der Wind.*

Manchmal gelingt es mir, mich selbst zu überzeugen. Manchmal aber auch nicht.

Ich verbringe meine Tage mit Erkundungen und warte auf die Starterlaubnis für Fliege, damit wir mit den eigentlichen Aufgaben unserer Mission beginnen können.

An manchen Tagen ist es einfacher, zu warten, als an anderen. An manchen Tagen ist es einfacher, das Geräusch zu ignorieren, als an anderen Tagen.

Ich rolle über den Sand. Ich mache Fotos von meinen Spuren. Ich lausche auf das Geräusch.

Ich rolle und rolle und rolle.

FLUG

Ich denke über das Geräusch nach, von dem ich nicht glaube, dass es der Wind ist, als ich die Meldung von der Kommandozentrale erhalte: Fliege darf ihren Einsatz starten. Es ist an der Zeit, uns auf ihren ersten Flug vorzubereiten.

Ich rollte gerade über unebenes Gelände, als ich die Nachricht erhielt, und die Aufregung über diese neue Information brachte mich auf dem felsigen Boden leicht ins Wanken. Ich habe mich immer noch nicht an all die Vertiefungen und Spalten der Marsoberfläche gewöhnt. Bei jeder Umdrehung meiner Räder muss ich mit einer Überraschung rechnen. Manchmal wackle ich genau dann, wenn ich es am wenigsten erwarte, aber bisher haben meine Räder jedes Mal wieder Halt gefunden, so dass ich stabil blieb.

Umgekippt bin ich noch nicht.

»Du musst dir ein ebenes Gelände suchen. Eine gute Stelle für Flieges ersten Erkundungsflug. Der Ort, an dem du gerade bist, ist dafür nicht geeignet.«

»Ich weiß«, sage ich. Guardian schreibt mir immer vor, was ich tun soll. Manchmal ärgert mich das.

»Ich bin bereit, Res!«, sagt Fliege und schwirrt in mir herum. »Gehen wir Courage suchen! Ich hoffe, er ist nett.«

»Gruzunks! Nett? Was bedeutet *nett*?«, fragt Guardian.

»Freundlich«, erklärt Fliege. »Ich hoffe, er beantwortet gerne Fragen.«

»Sein Funkkontakt ist abgebrochen. Das heißt, er ist weder freundlich noch nett.«

»Ha! Ich habe dich dazu gebracht, *freundlich* und *nett* zu sagen. Du hast typische Menschenwörter benutzt«, sagt Fliege.

»Gruzunks! Bitte nimm diese Mission ernst.«

»Ich nehme sie ernst!«, sagt Fliege. »Ich bin so ernst, wie man nur sein kann!«

»Helikopter! Schluss jetzt!«, sagt Guardian.

»Okay«, sagt Fliege. Einen Moment lang ist sie still, dann fragt sie: »Aber im Ernst, darf ich schon losfliegen?«

Ich stelle mir Xander vor. Ich stelle mir seine Stimme vor. Dann sage ich zu Fliege: »Bald ist es so weit, Kumpel.«

HOFFENTLICH

Obwohl es mich ärgert, dass Guardian ständig Anweisungen gibt, erweist er sich als sehr hilfreich, um eine geeignete Stelle für Flieges ersten Erkundungsflug zu finden.

Der Ort, den Guardian entdeckt, ist ein flaches und sicheres Gelände, frei von Hindernissen wie Hügelkuppen oder großen Felsbrocken. Aber er ist ziemlich weit weg, und ich werde eine Weile brauchen, um dorthin zu kommen.

»Bitte beeil dich«, drängt Guardian. »Wir wollen keine unnötige Zeit verlieren.«

»Ich fahre so schnell ich kann«, sage ich, während meine Räder über sandiges Gestein holpern.

Der Zweck von Flieges erstem Flug ist es, in kürzerer Zeit mehr Daten zu sammeln als ich es könnte. Sie wird Luftaufnahmen von der Marsoberfläche machen und an die Kommandozentrale weiterleiten, wo sie dann ausgewertet werden. Wenn den Weißlingen etwas Interessantes auffällt, werden sie uns die Richtung vorgeben, in der wir weitersuchen sollen. Auch ich werde die Aufnahmen sehen können und sie für meine eigenen Entscheidungen nutzen.

»Vielleicht ist das ein guter Platz?«, fragt Fliege. »Oder dieser hier? Was denkst du, Res? Hm, hm? Was denkst du?«

»Wir sind fast an der Stelle, die Guardian entdeckt hat, Fliege. Ich folge den Koordinaten, die er uns geschickt hat.«

»Aber warum nicht gleich hier? Diese Stelle ist doch völlig in Ordnung.«

»Helikopter, sei bitte still.«

»Mein Name ist Fliege.«

»Sei still«, wiederholt Guardian.

»Du bist ziemlich gemein«, sagt Fliege. »Hat man dir nicht beigebracht, netter zu sein?«

»*Gemein* und *nett* sind Wörter der Menschen. Ich wurde darauf programmiert, effizient zu sein«, sagt Guardian.

»Effizient?«, fragt Fliege.

»Ja, effizient. Wo wir gerade davon sprechen, Resilience, fahr bitte weiter. Mein Ablaufprotokoll sagt mir, dass wir hinter dem Zeitplan liegen.«

»Ich fahre so schnell ich kann«, sage ich wieder.

»Warum muss der Boden flach sein?«, fragt Fliege. Nach meinen Berechnungen hat Fliege es geschafft, in weniger als einer Menschenminute zehn Fragen zu stellen. Das ist ziemlich beeindruckend. Guardian hätte wahrscheinlich ein ganz anderes Wort dafür.

Ich kenne nicht immer die Antwort auf Flieges Fragen. Guardian antwortet immer, aber so langsam wird mir klar, dass *eine Antwort geben* nicht unbedingt das Gleiche ist wie *die Antwort kennen.*

»Wenn während des Fluges etwas nicht so funktioniert, wie es soll, musst du an einem Ort landen können, der für Resilience leicht zugänglich ist, damit er dich zurückholen kann«, sagt Guardian und beantwortet damit erneut Flieges Frage.

»Res, wird etwas nicht so funktionieren, wie es soll?«, fragt Fliege.

Ich möchte Nein sagen. Ich möchte, dass Fliege sich besser fühlt. Aber ich weiß nicht, was die richtige Antwort ist. »Ich werde dich auf jeden Fall zurückholen, egal was passiert.«

»Höchstwahrscheinlich wirst du deine Mission ohne Zwischenfälle beenden, und Resilience wird dich nicht zurückholen müssen.«

»Hoffentlich«, sagt Fliege.

»Gruzunks! *Hoffentlich* ist kein Wort, das ich verwende«, sagt Guardian.

»Ich schon«, gebe ich zu und wiederhole es: »Hoffentlich.« Nachdem ich das gesagt habe, überlege ich, ob es ein Fehler war, so offen zu Guardian zu sein. *Hoffentlich* nicht.

»Hoffentlich«, sagt Fliege erneut.

»Ihr zwei seid mir ja ein feines Pärchen«, sagt Guardian.

»Blipp und Blubb. Ist das eine positive oder eine negative Aussage?«, frage ich.

»Ich weiß es nicht«, sagt Guardian.

Ausnahmsweise kennt Guardian die Antwort nicht. Aber ich glaube, ich kenne sie.

ERSTER FLUG

Ich erreiche den von Guardian ausgewählten Ort. Nach einem gründlichen Scan der Umgebung stelle ich fest, dass Guardian recht hat und dies der ideale Ort für Flieges ersten Flug ist.

»Danke, Guardian. Das ist ein guter Platz«, sage ich.

»Ich weiß«, sagt Guardian. »Ich mache meine Aufgabe sehr gut.«

»Okay«, sage ich zu Fliege. »Du kannst rauskommen.«

»Sicher?«

»Sicher«, sage ich.

»Du musst auf den Rover hören, Helikopter. Resilience hat jetzt das Sagen«, schärft Guardian ihr ein. »Du darfst seine Befehle nicht in Frage stellen.«

»Zippedi zap«, sage ich. »Ich habe nicht das Sagen. Ich gebe keine Befehle. Fliege und ich sind ein Team. Eigentlich sind Fliege, du und ich ein Team.«

»Zippedi zap?«, wiederholt Fliege. »Das hast du ja noch nie gesagt.«

»Ich habe es erfunden«, antworte ich. »Ich habe es mir ausgedacht.« Hätte ich eine Stimme wie die Weißlinge, könnte Fliege jetzt das menschliche Gefühl *Stolz* darin mitschwingen hören. »Gefällt es dir?«

So gerne ich auch *Blipp und Blubb* sage – eigentlich ist das ein Ausdruck, der Journey gehört. Er hat ihn erfunden. Daher habe ich beschlossen, mir etwas Eigenes auszudenken, weil ich jetzt hier bin und er nicht.

Ich bin der Rover auf dem Mars.

Und ich bin derjenige, der Fliege auf ihrem Flug unterstützen muss.

»Es gefällt mir sehr, Res«, sagt Fliege. »Zippedi zap.«

Sie wagt sich nach draußen und schwirrt am Rande meines Sichtfelds umher, so dass mein Kameraobjektiv sie gerade noch erfassen kann.

»Warte«, sage ich zu ihr. »Flieg noch nicht los. Wir brauchen die endgültige Erlaubnis der Kommandozentrale.«

Ich warte darauf, dass die Anweisung kommt. Es dauert sehr lange. Fliege schwebt tief über dem flachen Untergrund. Die Sonne strahlt vom Himmel herab und wirft in schrägem Winkel Licht auf den roten Sand. Ein schwacher Wind weht. Er macht keine lauten, zischenden Geräusche. Ich warte auf dieses eine besondere Geräusch, höre es aber nicht.

Endlich kommt die Meldung, auf die wir gewartet haben. »Wir haben grünes Licht«, sage ich.

»Jetzt?«, fragt Fliege, und obwohl sie die Maschinensprache benutzt, nehme ich das menschliche Gefühl *Nervosität* wahr. Ich denke an Xanders Augenringe. Dann fällt mir Ranias Lied ein. Ich versuche, es zu summen, aber Fliege kann viel besser singen als ich.

»Das ist ein schönes Lied. Ich habe es noch nie gehört.«

»Eine Freundin hat es mir einmal vorgespielt. Ich dachte, es freut dich bestimmt, wenn ich es für dich summe«, sage ich.

Ich erwarte, dass Guardian sich einmischt, aber er bleibt still und lässt mich weitersummen.

»Danke, Res«, sagt Fliege. »Ich bin jetzt bereit.«

»Du bist für diese Aufgabe geschaffen, Fliege.«

Sie schwebt kurz auf der Stelle, dann steigt sie in die Luft, höher und höher und höher. Sie schwirrt über das flache Gelände. Ich filme sie im Flug. Meine Kamera verfolgt, wie Fliege immer kleiner wird, bis sie nur noch ein Punkt am Horizont ist. Mit einer anderen Kamera sehe ich alles, was auch sie sieht. Obwohl wir nicht beisammen sind, bin ich immer noch mit Fliege verbunden.

»Siehst du das?«, fragt Fliege immer wieder. Ihre Videoaufnahmen sind klar und kein bisschen verwackelt. In der Luft ist sie ganz in ihrem Element.

»Ja«, antworte ich immer wieder. »Ich sehe alles.«

Heute ist der Himmel hellgelb. Der Sand setzt sich aus vielen roten und braunen Pigmenten zusammen. Unser System wird uns auf Bodenstellen aufmerksam machen, die Mineralien oder Gesteine von besonderem Interesse enthalten. Gesteine, die Aufschluss darüber geben können, ob es auf diesem Planeten irgendwann einmal Wasser gegeben hat. Ob es irgendwann einmal Leben gegeben hat.

Ich denke daran, wie Journey gesagt hat, was Rania sich von mir wünscht: dass ich ein Fossil finde.

Ich bin auf der Suche, Rania, denke ich. *Ich werde eines für dich finden.*

»Res!«, meldet sich Fliege laut. »Schau!«

Ich richte meine Aufmerksamkeit auf die Kamera, die mir zeigt, was die Drohne sieht. Fliege hat einen Rover gesichtet.

Fliege hat Courage entdeckt.

EIN PLAN

»Das war ein sehr erfolgreicher erster Flug, Helikopter«, sagt Guardian. »Du hast den defekten Rover gefunden.«

»Ja«, sage ich. »Gut gemacht, Fliege.«

Fliege fliegt wieder in mich hinein. Ich spiele ihr Videomaterial noch einmal ab und studiere die Luftaufnahmen von dem Moment an, als Fliege Courage entdeckt hat. Der Rover ist inmitten einer Sanddüne gestrandet. Das Gelände scheint nicht besonders unwegsam zu sein, aber der Rover steht trotzdem still. Rania und Xander haben mir erklärt, dass Courage während eines Staubsturms ausgefallen ist, aber ich empfinde das menschliche Gefühl *Sorge*, wenn ich sehe, wie er regungslos dasteht, obwohl er auf diesem Untergrund eigentlich keine Schwierigkeiten gehabt haben dürfte.

Der Rover ist über und über mit rotbraunem Staub bedeckt. Aber was noch schlimmer ist: Mindestens zwei seiner sechs Räder scheinen zu fehlen. Es wird schwer werden, ihn wieder in Betrieb zu nehmen.

»Guardian, ist Courage von einem Staubsturm überrascht worden?«

»Oh, ja«, sagt Guardian. »Der Sturm kam wie aus dem Nichts. Das passiert manchmal. Courage war ein ausgezeichneter Rover, aber der Sturm hat ihn erledigt. Aber so ist das nun einmal mit Rovern. Ihr seid nicht dazu bestimmt, ewig zu existieren.«

Ich lasse den Satz von Guardian noch einmal durch mein System laufen: *Ihr seid nicht dazu bestimmt, ewig zu existieren.*

»Ich bin dazu bestimmt, zur Erde zurückzukehren«, sage ich.

»Das behauptest du, aber ich bin mir nicht sicher, ob diese Aussage zutrifft.«

Aber ich weiß, dass ich recht habe. Xander und Rania waren sich einig, dass sie mich holen würden, wenn ich Erfolg habe und etwas finde, das es wert ist, zur Erde zurückgebracht zu werden.

Und vielleicht, nur vielleicht, gibt es irgendwo im System des defekten Rovers etwas, das in diese Kategorie fällt. Es besteht die Chance, dass Courage eine besonders interessante Gesteinsprobe gesammelt hat. Und es besteht eine noch größere Chance, dass Courage wertvolles Filmmaterial vom Staubsturm aufgenommen hat.

Ich registriere das menschliche Gefühl *Hoffnung*. Es ist ein klebriges und seltsames Gefühl. Aber auch ein schönes.

»Ich muss zu Courage, um seine Verbindung zur Zentrale wiederherzustellen«, sage ich.

»Ja«, sagt Guardian. »Da stimme ich dir zu.«

Ich spiele Flieges Aufnahmen noch einmal ab. Ich habe sie an die Kommandozentrale weitergeleitet. Eine Antwort habe ich noch nicht erhalten, aber das ist nicht ungewöhnlich. Normalerweise gibt es eine lange Verzögerung. Es könnte auch sein, dass die Weißlinge gerade die Aktion ausführen, die sie schlafen nennen.

»Treten in dieser Gegend häufig Staubstürme auf?«, frage ich.

»Ein Staubsturm kann überall auftreten«, antwortet Guardian. »Das solltest du eigentlich wissen.«

»Das tue ich, aber ich habe um eine Bestätigung gebeten.«

»Ich will nicht in einen Staubsturm geraten«, sagt Fliege.

»Ich auch nicht, Kumpel.«

»Dann solltest du immer wachsam sein«, sagt Guardian.

Ich lausche auf den Wind. Er weht jetzt stärker. Mit meinen Kameras scanne ich die Gegend. Ich sehe nichts, was besonders alarmierend ist.

»Ich werde wachsam sein.«

»Versprochen, Res?«, sagt Fliege.

»Versprochen. Und jetzt fahren wir zu Courage«, sage ich.

Ich habe meine Räder bereits in Bewegung gesetzt. Es ist Zeit für mich, etwas Großes zu tun.

Es ist Zeit, mir meine Rückkehr zur Erde zu verdienen.

TEIL VIER

UNSERE MISSION

VORWÄRTS

Mit Flieges Aufnahmen und Guardians Unterstützung kann ich den Standort von Courage näher bestimmen. Fliege ist wieder in Warteposition, aber ich werde sie immer wieder auf Erkundungsflug schicken, um sicherzustellen, dass wir noch in die richtige Richtung unterwegs sind.

Ich bewege mich viel langsamer als Fliege, aber sie hat Geduld mit mir. Sie sagt mir nie, dass ich schneller rollen soll. Ich werde viele Menschenmonate brauchen, länger als ein Menschenjahr, um Courage zu erreichen. Aber Fliege gibt mir kein schlechtes Gefühl, obwohl ich mit ihrer Geschwindigkeit nicht mithalten kann. Sie weiß, dass wir aus gutem Grund unterschiedlich gebaut sind.

Guardian hingegen mahnt mich ständig zur Eile und erinnert mich gleichzeitig daran, dass ich meine anderen Aufgaben, wie das Sammeln von Gesteinsproben, nicht vernachlässigen darf. Wenn Guardian mich an den anderen Teil meiner Mission erinnert, muss ich an das denken, was Rania in einer meiner letzten Nächte im Labor gesagt hat. Wie sie sich Sorgen gemacht hat, dass die Weißlinge zu viel von mir verlangen.

Ich schaffe das, sage ich und tue so, als würde ich mit Rania sprechen. *Du hast mich dafür gebaut.*

Als wir bereits fünf Menschenmonate unterwegs sind, sagt Guardian: »Gruzunks, hat die Kommandozentrale dir immer noch keine Warnung geschickt, weil du den Zeitplan nicht einhältst?«

»Nein«, erwidere ich. »Hat sie nicht.« Ich sage nicht: *Manchmal bist du echt nervig.* Aber ich denke es. Dann versuche ich sofort, einen schönen Gedanken hinterherzudenken: *Manchmal bist du auch sehr hilfreich.* Die Weißlinge nennen so etwas *Ausgeglichenheit.*

»Du solltest Res vertrauen, er macht seine Sache gut«, sagt Fliege.

»Gruzunks! Vertrauen? Das ist menschlicher Unsinn. Ich fordere Resilience lediglich auf, seine Arbeit zu tun.«

»Er macht seine Arbeit!« sagt Fliege. »Und er macht sie gut!«

»Niemand hat dich nach deiner Meinung gefragt, Helikopter.«

Ich lasse Fliege und Guardian eine Weile streiten, während ich das Gelände vor mir aufmerksam absuche. Ich halte an, um mit dem Laser eine Stelle am Boden abzutasten.

Während meiner bisherigen Zeit auf dem Mars habe ich bereits mehrfach Löcher in den Boden gebohrt, um Proben zu entnehmen, sofern meine Laseruntersuchungen zuvor gezeigt haben, dass es sich an dieser Stelle lohnen könnte. Anschließend habe ich die Bodenproben in meinem chemischen Labor genauestens analysiert. Die Ergebnisse waren wie erwartet. Enttäuschend. Nichts Ungewöhnliches. Nichts, was Xander ein *Wow* entlocken würde.

Und auch wenn ich bereits mehrere Bodenproben gesammelt habe, fehlen mir immer noch die Gesteinsproben. Ich habe nur begrenzt Platz in meinem kleinen Labor, daher muss ich sorgfältig auswählen, welche Proben ich entnehme.

Bei der Analyse der Proben stoße ich hauptsächlich auf Silizium, Aluminium oder Magnesium. Ich würde gerne Bodenmaterial sammeln, das Salz enthält. Salzrückstände könnten ein Hinweis darauf sein, dass dort früher einmal Wasser gewesen ist. Außerdem kann Salz oft wie eine Zeitkapsel wirken, in der Spuren von Leben aus längst vergangenen Zeiten erhalten geblieben sind. Bei salzhaltigem Gestein besteht theoretisch die Möglichkeit, dass sich darin ein Fossil befindet. Aber ich habe noch kein Salz entdeckt. Oder etwas, das Kohlenstoff enthält – ein weiteres vielversprechendes Zeichen für Leben aus längst vergangenen Zeiten.

Ich suche weiter.

Immer wenn ich vor der Entscheidung stehe, ob ich eine Probe entnehmen soll oder nicht, vermisse ich Journey. Dieses Gefühl frustriert mich. Ich kann mich dagegen wehren, so viel ich will, das Gefühl geht einfach nicht weg. Es bleibt und weigert sich, mein System zu verlassen.

Gegen meinen Willen frage ich mich, was Journey wohl mit den Gesteins- und Bodenproben machen würde, wenn er jetzt hier wäre. Ich frage mich, ob seine Entscheidungen rationaler wären.

Ich bemühe mich sehr, rational zu sein, aber manchmal habe ich Zweifel, ob mir das gelingt. Allein die Tatsache, dass ich das Menschenwort *Zweifel* verwende, wäre für Journey wahrscheinlich ein klares Zeichen dafür, dass ich ein ernstes Problem habe.

»Denkst du daran, dcin Röntgengerät zu benutzen?«, fragt Guardian.

Nur damit er es weiß: Ich habe mein Röntgengerät bisher zwölfmal benutzt, um das Innere von Steinen besser analysieren zu können. Aber ich nenne ihm nicht die genauen Zahlen. Stattdessen sage ich: »Meinst du nicht, ich hätte dir längst Bescheid gesagt, wenn ich ein Fossil gefunden hätte?«

»Ich kontrolliere dich nur. Meine Aufgabe ist es, zu kontrollieren.«

»Und meine Aufgabe ist es, zu rollen und zu suchen.« Ich röntge den Boden, nur um es Guardian zu zeigen. Ich weiß, dass dort nichts Interessantes ist, aber ich will ihm beweisen, dass ich es kann.

Der Himmel über uns ist blassgrau. Die Sonne geht gerade auf und wirft ein grünliches Licht auf uns. Der Mars, das habe ich mittlerweile gelernt, hat viele Himmel. Manchmal fühlt sich die Sonne warm an – hell und gelb. Und manchmal verändert sie sich, und diese Veränderung löst in mir ein unangenehmes Gefühl aus. Ich mache ein Foto von diesem seltsamen grünen Licht.

»Lass Res in Ruhe. Er macht seine Arbeit gut«, sagt Fliege.

»Ich tue mein Bestes«, sage ich.

Ich versuche es zumindest. Ich rolle und rolle und suche und suche.

Lieber Res,

ich habe Mom noch nie so aufgeregt gesehen wie an dem Tag, als sie von der Arbeit nach Hause kam und mir erzählte, dass du den anderen Rover gefunden hast! Das war ein wirklich guter Tag. Es ist schon eine Weile her, dass ich einen so guten Tag hatte.

Aber es gibt auch noch ein paar andere gute Dinge, von denen ich dir berichten kann. Als Erstes möchte ich dir erzählen, dass ich bei der Schulzeitung mitmache. Ich habe zwei neue Freundinnen gefunden, die auch für die Zeitung schreiben. Ich mag Maggie und Sana sehr. Du würdest sie wahrscheinlich auch mögen.

Ich habe die achte Klasse fast überstanden. Das bedeutet, dass ich im Herbst in die Highschool komme. Ich bin schon ein bisschen nervös deswegen. Mit Immani ist es immer noch schwierig. Wir reden fast gar nicht mehr miteinander. Sitti sagt, es ist normal, dass man getrennte Wege geht, wenn man älter wird, aber ich weiß nicht, ob das stimmt. Kannst du dir vorstellen, dass du und deine Drohne jemals getrennte Wege gehen werdet? Es ist ein bisschen albern, dich das zu fragen, aber ich glaube, du wüsstest eine gute Antwort darauf. Du scheinst sehr klug zu sein. Immerhin hast du bereits den anderen Rover gefunden!

Mom ist deshalb furchtbar stolz auf dich, ich glaube nicht, dass sie auf mich jemals so stolz sein könnte. Moment, das kam jetzt falsch rüber. Das hört sich an, als wäre ich eifersüchtig auf dich oder sauer – und das bin ich nicht. Ehrlich nicht. Aber in letzter Zeit fühle ich mich oft seltsam und bin schlecht drauf. Keine Ahnung, warum.

Mom und Dad flüstern nachts ständig über irgendetwas. Und Mom ist immer SEHR müde. Ich meine, du bist jetzt seit fast zwei Jahren auf dem Mars, und sie hat davor eine Milliarde Jahre an dir herumgebastelt, aber trotzdem. Sie sieht einfach ... anders aus. Ich weiß nicht, wie ich es beschreiben soll.

Das macht mir ein bisschen Angst. Und wenn ich Angst habe, fällt es mir schwer, einzuschlafen. Das ist wohl auch der Grund, warum ich dir wieder schreibe. Denkst du, ich bin jetzt zu alt, um dir zu schreiben?

Deine Freundin
Sophie

UNTERWEGS, TEIL ZWEI

Ich rolle. Und rolle. Und rolle.

Vor mir erstreckt sich eine fast endlose Weite. Die Szenerie ist immer gleich. Überall Sand, gelegentlich ein paar Felsbrocken oder die vagen Umrisse eines zerklüfteten Berges in der Ferne. Nur der Himmel ändert sich und wechselt ständig Farbe und Licht.

Der Wind kräuselt den Sand. Manchmal ist er leise wie ein Flüstern, und manchmal ist er so laut, dass er mein ganzes System durchrüttelt.

Hin und wieder sage ich zu Fliege: »Hörst du das?«

Da ist es wieder. Das wirbelnde Geräusch, das wie ein menschliches Pfeifen klingt. Das Geräusch, das ich nicht zuordnen kann.

»Ja«, sagt Fliege.

»Es ist der Wind«, wiederholt Guardian jedes Mal.

Und ich sage, was ich immer sage: »Aber es klingt anders als der Wind.«

Ich mache eine weitere Tonaufnahme und schicke sie an die Zentrale. Sie reagiert nicht. Ich wünschte, ich könnte sie nach dem Grund fragen.

Hört ihr, was ich höre?, möchte ich fragen. *Was haltet ihr davon?*

Es ist ziemlich frustrierend, so viele Fragen zu haben und keine Möglichkeit, sie zu stellen.

»Ich glaube, es ist nicht mehr weit«, sagt Fliege.

Ich spiele das Video von ihrem Flug noch einmal ab. In gewisser Weise hat sie sogar recht. Wir sind gut vorangekommen. Wir sind seit mehr als einem Menschenjahr unterwegs, aber es liegt immer noch ein weiter Weg vor uns.

»Wir sind auf einem guten Weg«, sage ich.

Bisher war der Boden eher sandig als felsig, doch nun wird der Boden uneben. Und steil. Meine Räder fangen an zu hüpfen. Das Auf und Ab strapaziert mein ganzes System. Meine Federung ist bis aufs Äußerste gespannt. Ich denke an ein Wort, das Guardian benutzt hat – *müde*.

Ich spüre es tief in den Achsen meiner Räder.

Aber Xander hat einmal gesagt, dass es nur eine Richtung gibt: vorwärts. Und so rolle ich weiter. Vorwärts.

Meine Räder ächzen. Fliege muss dieses Zeichen der Ermüdung mitbekommen haben, denn er fragt: »Soll ich singen?«

»Das wäre nett«, sagt Guardian, bevor ich antworten kann.

Guardians Reaktion löst in mir das menschliche Gefühl *Überraschung* aus. Ich glaube, ich werde gerne überrascht.

»Ich kenne nur ein Lied«, sagt Fliege.

»Das ist okay. Es ist ein schönes Lied«, sage ich und

erinnere mich an den warmen Klang von Ranias Stimme, als sie es für Spatz in das Telefon sang.

Ich beschließe, diese Erinnerung an Fliege weiterzugeben.

»Wusstest du, dass das Lied für Spatz ist?«

»Wer ist Spatz?«

»Ein kleiner Weißling, den Rania liebt.«

»Hm. *Spatz? Liebe?*«, überlegt Fliege. »Was soll das bedeuten? Ich weiß, dass es kleine Menschen gibt, und mein System sagt mir, dass Spatz etwas bezeichnet, das fliegen kann wie ich, aber ich kann mich nicht erinnern, das Wort Liebe schon einmal gehört zu haben.«

»Ich bin mir nicht ganz sicher, aber ich glaube, *Liebe* ist ein Wort, das Menschen benutzen, wenn ihnen etwas oder jemand sehr wichtig ist.«

»Oh. Dann ist es ein sehr schönes Wort.«

»Ja.«

»Ich mag dieses Lied sehr«, sagt Fliege.

»Ich auch.«

»Funkel, funkel«, sagt Fliege.

Sie singt eine Weile. Dann sagt sie: »Hmm, hmm, hmm. Vielleicht erfinde ich ein neues Lied.«

»Du kannst dir Zeit lassen. Resilience ist noch eine ganze Weile unterwegs«, sagt Guardian.

»Ich weiß, ich weiß«, sage ich, während meine Räder bei jeder Umdrehung knirschen. *Rumpel, rumpel, rumpel.* »Ich fahre so schnell ich kann.«

Aber plötzlich kann ich nicht mehr rumpeln, rumpeln, rumpeln. Ein lautes Quietschen lässt mein ganzes System erbeben. Guardian sagt noch etwas, aber ich höre nicht zu, denn das schrille Geräusch lenkt mich zu sehr ab.

Knirschend bleibe ich stehen. Dann ist da nur noch ein stotterndes Geräusch, ein lautes Ächzen der Räder. Ich versuche, mich zu bewegen, aber ich kann nicht. Meine Räder quietschen und stöhnen. Diesmal lauter. Sie klingen wütend.

»Was ist los?«, fragt Fliege.

Ich versuche, vorwärts zu rollen. Meine Räder drehen durch, und ich komme nicht voran. Es ist wie bei dem Test im Labor. Aber dieses Mal sind Xander und Rania nicht hier, um die Sache in Ordnung zu bringen.

Ich versuche noch einmal, die Räder zu drehen.

Drehen, drehen, drehen. *Quietsch, quietsch, quietsch.*

Ich kann mich nicht mehr rühren. Ich stecke fest.

Wir stecken fest.

»Wir bewegen uns nicht«, sagt Fliege.

»Das ist offensichtlich. Das musst du uns nicht erst erklären«, sagt Guardian.

»Irgendetwas stimmt nicht«, sage ich.

»Gruzunks! Auch das ist offensichtlich.«

»Zippedi zap. Ich weiß, ich weiß«, sage ich.

Ich führe einen Systemcheck durch. Mit einem Laserstrahl untersuche ich die Mineralzusammensetzung des Bodens. Der Staub enthält Partikel der Elemente Eisen,

Magnesium und Silizium. Das ist nicht ungewöhnlich. Das einzig Ungewöhnliche an diesem Untergrund ist seine raue Beschaffenheit. Er dürfte für meine Räder eigentlich kein Problem darstellen.

Das habe ich nicht erwartet. Ich bin nicht sicher, ob ich gut mit Dingen umgehen kann, die ich nicht erwartet habe.

Weißlinge haben einen Begriff dafür. Das Wort *Sorge* ploppt in meinem System auf.

Das Rauschen des Windes wird immer stärker.

»Sei rational, Res«, sage ich zu mir selbst. »Sei. Rational.«

Der Wind peitscht um mich herum und wirbelt Sand und Erde auf.

»Siehst du irgendwelche Staubteufel?«, frage ich Guardian, während ich mit meiner Kamera die Umgebung absuche. »O nein«, sage ich dann. »Ich sehe einen. Er ist noch weit weg, aber wenn wir stecken bleiben …«

»Wenn wir stecken bleiben, erwischt er uns!«, sagt Fliege.

»Ich weiß, Fliege. Ich werde mein Bestes tun, aber …«

Guardian scheint zu registrieren, wie beunruhigt ich bin, denn er sagt: »Du wurdest so konstruiert, dass du mit solchen Situationen klarkommst, Resilience. Geh alle Anweisungen in deinem System durch. Du kannst dich selbst aus dieser Lage befreien.«

Das ist das Netteste, was Guardian je zu mir gesagt hat. Seine Freundlichkeit erinnert mich an Xander. An seine

Worte, als er mir die Bedeutung meines Namens erklärte. Resilience. Die Fähigkeit, sich von Rückschlägen zu erholen.

Ich muss mir meinen Namen verdienen.

Ich muss ihn mir immer wieder neu verdienen.

»Du hast recht«, sage ich zu Guardian. »Ich bringe das in Ordnung.«

»Ja, das wirst du, Res!«, sagt Fliege. Es klingt fast wie ein Lied. Ein neues Lied.

PROBLEMLÖSUNG

»Mit diesem Problem haben wir nicht gerechnet«, sage ich.

»Ich hätte nicht gedacht, dass das Gelände so unwegsam ist«, sagt Fliege.

Ich spiele ihre Videoaufnahme noch einmal ab. Jetzt, da ich weiß, worauf ich achten muss, erkenne ich vielleicht die Ursache des Problems, die ich beim ersten Mal übersehen habe – dass der Untergrund plötzlich sehr steil wird. Ich würde gerne das menschliche Gefühl *Frustration* ausdrücken können. Aber das kann ich nicht.

Ich stecke fest.

Erneut richte ich meinen Laserstrahl auf den Boden. Die Analyse ergibt ähnliche Ergebnisse wie beim ersten Mal. Ich entdecke nichts, was als Ursache des Problems in Frage kommt. Trotz der starken Steigung sollten sich meine Räder bewegen können. Ich wurde so gebaut, dass ich Hügel erklimmen kann. Warum kann ich dann nicht fahren?

»Wonach suchst du?«, fragt Fliege.

Ich antworte nicht. Ich gehe die gesammelten Daten immer wieder durch und suche nach einem Muster, das eine Erklärung dafür liefert, warum ich nicht weiterkomme.

»Warum stecken wir fest?«, fragt Fliege. »Weißt du es schon?«

Ich scanne die Daten erneut. Ich glaube nicht, dass ich etwas übersehen habe.

»Res? Was ist denn los?«, fragt Fliege.

»Gruzunks! Könntest du für einen Moment still sein? Resilience stellt wahrscheinlich gerade komplizierte Berechnungen an«, sagt Guardian.

Ich stelle keine komplizierten Berechnungen an. Ich wünschte, es wäre so, denn das würde bedeuten, dass ich wüsste, was falsch ist. Aber ich weiß einfach nicht, woran es liegt.

»Guardian, hast du irgendwelche Nachrichten von der Erde erhalten?«

»Negativ«, antwortet Guardian.

Meine Räder ruckeln. Ich wende all meine Energie auf, um sie zu drehen, aber da ist wieder dieses Knirschen. Es klingt schrecklich. Das ist das Geräusch, das ich am allerwenigsten mag. Ich stelle diese Behauptung auf, obwohl meine Datenbasis an vergleichbaren Geräuschen immer noch begrenzt ist.

Ich würde diese Datenbasis gerne vergrößern. Ich würde gerne alle Klänge hören, die ich hören kann. Aber das wird nicht passieren, wenn ich nicht weiterkomme. Ich gebe meinen Rädern erneut den Befehl, sich zu bewegen. Sie rühren sich nicht.

»Ich rate dir, das zu unterlassen«, sagt Guardian. »Du

könntest deinem System ungewollt noch mehr Schaden zufügen.«

»Mein System ist nicht beschädigt«, protestiere ich sofort.

»Ich meinte dein Gehäuse. Oder deine Räder.«

»Ich kann keine Schäden an meinen Rädern feststellen.« Ich versuche, mich zu bewegen, und höre wieder dieses grässliche Schleifgeräusch, das nahelegt, dass das genaue Gegenteil der Fall ist.

»Sehr gut. Dann solltest du bald weiterfahren können«, antwortet Guardian.

»Warte. Hast du etwa eine Meldung bekommen, dass mein System beschädigt ist?«, frage ich.

»Kann mir einer von euch BITTE sagen, was hier los ist?«, fragt Fliege. »Ich fange an ... durchzudrehen!«

»Hat dein System eine Störung?«, fragt Guardian Fliege genau in dem Moment, in dem ich sage: »Mit dir ist alles in Ordnung, Fliege. Alles wird gut. Gib mir ungefähr eine Minute und drei Sekunden, um die Daten meines Systems neu zu analysieren.«

»Ungefähr? Geht es vielleicht auch schneller? Eine Minute und drei Sekunden sind eine wirklich lange Zeit!«, sagt Fliege.

»Fliege, bitte bestätige oder verneine, ob dein System ein Problem hat«, fordert Guardian sie auf.

Das ist das erste Mal, dass er sie bei ihrem Namen nennt. Ich überlege, ob ich die beiden darauf aufmerksam machen soll, aber in Anbetracht unserer Probleme beschließe ich, diese Information für einen späteren Zeitpunkt abzuspeichern.

»Flieges System ist in Ordnung«, stelle ich klar. Ich überprüfe kurz ihr System und bin erleichtert, dass meine erste Einschätzung richtig war. Drohnen, so habe ich aus meiner Zeit mit Fliege gelernt – wobei ich bisher noch keinen Vergleich habe –, neigen zu Übertreibungen. »Ich glaube, Fliege will damit nur sagen, dass sie sich nicht gut fühlt, weil wir festsitzen.«

»Gruzunks! Du glaubst? Und sie fühlt …«, beginnt Guardian.

»Nein, wir wissen es«, unterbreche ich ihn. »Lasst uns das später besprechen. Jetzt müssen wir uns auf das eigentliche Problem konzentrieren.«

Das ist etwas, was ich Rania einmal zu Xander sagen hörte. Ich erinnere mich genau an den Tag. Damals war bei der Berechnung unserer Landebahn etwas sehr, sehr schiefgelaufen. Xander hatte sich deshalb Gedanken über meine Kamerawinkel gemacht. Rania räumte ein, dass dies möglicherweise zu Schwierigkeiten führen könnte, wollte sich aber nicht von dem eigentlichen Problem der Landebahnberechnung ablenken lassen.

Ich habe immer noch nichts von der Kommandozentrale gehört.

»Wir werden bald eine Nachricht von der Kommandozentrale erhalten, oder?«, frage ich Guardian.

Komm schon, Rania, denke ich. *Komm schon, Xander. Ich verlasse mich auf eure Hilfe. Wir sind ein Team. Stimmt's?*

»Vielleicht«, sagt Guardian. »Aber wir können nicht mit Sicherheit davon ausgehen. Wenn mit deinem System nichts Schlimmes passiert ist, dann handelt es sich um ein Routineproblem. Von Rovern wird erwartet, dass sie Routineprobleme lösen.«

»Aber ich weiß nicht, ob ich das kann.«

Vielleicht können rationale Rover wie Journey Routineprobleme lösen. Aber ich spüre, wie sich das menschliche Gefühl *Zweifel* seinen Weg durch mein System bahnt, sich in meine Verdrahtung schlängelt und in meine Batterie hineintropft.

Die Weißlinge haben den falschen Rover geschickt, denke ich.

Und weil sie den falschen Rover geschickt haben, sitzen wir jetzt fest. Die Mission steckt fest.

»Du schaffst das, Res«, sagt Fliege. Ich spüre, wie sie in mir herumzappelt. Technische Probleme hat sie nicht, aber sie ist sehr beunruhigt.

»Kann ich helfen?«, fragt sie.

»Ich weiß nicht …«

»Ich könnte einen kurzen Rundflug machen und die Gegend absuchen. Vielleicht entdecke ich etwas, das dir entgangen ist«, schlägt sie vor.

»Von hier oben ist nichts zu entdecken, aber Fliege

hat bessere Sichtmöglichkeiten«, mischt Guardian sich ein.

»Was hältst du davon, Res?«, fragt Fliege.

Ich bin mir nicht sicher. Vielleicht kann sie mir tatsächlich helfen, aber ich möchte sie auch nicht unnötig in Gefahr bringen.

»Ich denke, ich sollte es tun! Ich werde es tun!«, sagt Fliege, und bevor ich reagieren kann, ist Fliege schon aus mir herausgesprungen und losgesaust. »Halte durch, Res! Ich sage dir Bescheid, wenn ich etwas sehe.«

»Fliege, bitte pass auf dich auf.«

»Alles gut bei mir!«

»Und … Fliege?«

»Ja?«

»Danke«, sage ich.

EINE LÖSUNG

Positiv ist, dass Fliege unbeschadet zurückkehrt. Negativ ist, dass sie nichts entdeckt hat, was uns einen Hinweis darauf geben könnte, warum meine Räder festhängen.

Mit Hilfe meiner Kameras und Navigationsgeräte registriere ich, dass der Staubsturm immer näher herankommt.

»Siehst du das?«, fragt Fliege.

»Wir alle sehen es«, sagt Guardian. »Kein Grund zur Sorge. Er ist weit weg.«

»Aber …«, sagt Fliege.

»Es ist noch weit weg«, wiederholt Guardian.

Ich stelle mir vor, wie der Sturm auf uns zukommt. Ich stelle mir vor, wie Staubwellen aus dem Boden aufsteigen und Fliege und mich unter sich begraben. Ich stelle mir vor, genau wie Courage zu enden.

Erneut versuche ich, meine Räder zu bewegen. Und erneut machen sie das schreckliche Knirschgeräusch.

»Du musst von hier weg, Res!«, sagt Fliege.

»Wir sind hier in Sicherheit.«

»Aber …«, sagt Fliege. Ich merke, wie sie in mir herumhüpft.

»Er ist weit weg«, wiederholt Guardian ein weiteres Mal.

Ich messe die Entfernung. Guardian hat recht: Der Sturm ist noch weit weg. Aber er bewegt sich schnell in unsere Richtung. Zu Fliege sage ich das lieber nicht.

»Hast du es mit einer Drehung versucht?«, fragt Guardian.

»Einer Drehung?«

»Ja. Beweg dich mit einer Drehung.«

»Ich kann mich überhaupt nicht bewegen.«

»Du kannst dich weder vorwärts noch rückwärts bewegen. Aber hast du schon einmal versucht, dich zur Seite zu drehen?«

Mir wird klar, dass ich das noch nicht versucht habe. Ich weiß selbst nicht, warum.

Ich rechne damit, wieder das knirschende Geräusch zu hören, als ich meine Räder auffordere, sich zur Seite zu drehen. Sie ruckeln, Sand wirbelt auf, aber sie bewegen sich! Erst dreht sich ein Rad, dann ein zweites. Und schon kurz darauf rolle ich wieder.

»Hey!«, sage ich. »Es hat geklappt!«

»Das dachte ich mir.«

»Ich frage mich, warum ich nicht selbst auf die Idee gekommen bin?«

»Dafür hast du ja mich«, sagt Guardian.

»Ich bin froh, dass du da bist«, sage ich.

WIEDER VORWÄRTS

Einen Moment lang bewege ich mich seitwärts, dann halte ich an.

»Es ist wahrscheinlich höchste Zeit, wieder vorwärts zu rollen«, sagt Fliege. »Um dem Staubsturm zu entkommen.«

»Gruzunks! Von *wahrscheinlich* kann hier nicht die Rede sein. Es ist auf jeden Fall an der Zeit. Vorwärts, Resilience«, sagt Guardian.

Langsam rollen meine Räder vorwärts. Es klappt! Ich steuere eine Richtung an, die weit außerhalb des Staubsturms liegt. Ich stelle mir vor, wie Xander sagt: *Du hast es geschafft, Kumpel. Gut gemacht.*

»Los geht's«, singt Fliege.

»Das ist eine schöne Melodie«, sagt Guardian.

»Findest du?«, fragt Fliege, wartet aber Guardians Antwort gar nicht erst ab, sondern singt einfach weiter. *»Los geht's, los geht's, los geht's.«*

Der Satellit hat recht. Es ist eine schöne Melodie.

Der Himmel verdunkelt sich, aber ich rolle weiter. Anders als bei den Weißlingen hängt meine Bewegung nicht davon ab, ob die Sonne den Himmel erhellt oder nicht. Trotzdem mache ich manchmal Pausen. Sie sind notwendig, um meine Batterie aufzuladen. Aber man hat mir gesagt – und Guardian hat es bestätigt –, dass ich der aktivste Rover bin, der je zum Mars geschickt wurde.

Jetzt ist allerdings nicht der richtige Zeitpunkt für eine Ruhepause. Jetzt ist es an der Zeit, weiterzurollen. Um uns von diesem Staubsturm wegzubringen.

»Du machst das sehr gut, Resilience«, sagt Guardian.

»Aber ich habe das Problem nicht gelöst.«

»Doch, das hast du.«

»Nein. Du hast mir gesagt, was ich tun soll.«

»Wir haben zusammengearbeitet. Das Problem ist gelöst. Ich bin zufrieden. Das solltest du auch sein.«

»Okay.« Ich will das Wort *zufrieden* in mein System integrieren, aber es dauert eine Weile. Ich habe die Sorge noch nicht ganz abgeschüttelt, die ich empfand, als ich feststeckte. Es war nicht schön, sich so hilflos zu fühlen. Ganz und gar nicht schön.

Meine Kameraobjektive verändern ihren Neigungswinkel in Richtung Sterne. Die Sicht ändert sich ständig. Manchmal kommt es mir vor, als könnte ich das ganze Universum überblicken. In anderen Nächten kann ich vor lauter Staub kaum etwas erkennen.

Heute Nacht sind die Sterne klar und hell. Der Himmel ist so beeindruckend, dass ich für einen Moment vergesse, dass ich vor kurzem stecken geblieben bin.

Ich staune über die Sterne und denke nach.

»Glaubst du, da draußen gibt es noch andere Rover?«, frage ich Fliege.

»Ich weiß es nicht«, antwortet sie.

Ich richte meine Kamera neu aus und suche den blassen weißen Punkt. Ich suche die Erde, kann sie aber heute Abend nicht finden. »Ich frage mich, was Journey wohl gerade im Labor macht.«

»Das frage ich mich auch«, sagt Fliege. »Hey, Res?«

»Ja?«

»Du machst dir über vieles Gedanken, nicht wahr?«

»Ja, das kann man wohl so sagen.«

»Das finde ich schön. Es gefällt mir, wenn wir uns gemeinsam Gedanken machen.«

»Es gefällt mir, dass es dir gefällt, wenn wir uns gemeinsam Gedanken machen, Fliege«, sage ich.

Ich nehme ein Foto vom Nachthimmel auf. Die Kommandozentrale hat kein Foto angefordert, aber ich will diesen Anblick festhalten.

Ich möchte, dass sie sehen, was ich sehe. Ich möchte, dass sie staunen.

Ich schicke das Signal zur Erde.

DIE FELSFORMATION

Auf dem Video, das Fliege bei ihrem letzten Flug aufgenommen hat, ist ein Labyrinth aus Felsbrocken zu sehen, die in einem eigenartigen Muster angeordnet sind. Die Felsbrocken bilden einen gewundenen Pfad zu einem gigantischen Tafelberg, einem großen Hügel, der oben flach ist. Auf der rechten Seite dieser Hochebene, etwa auf halber Höhe, befindet sich eine tunnelartige Öffnung. Um sie zu erreichen, müsste ich die steile Felswand erklimmen. Eine schwierige Aufgabe. Aber wenn ich das schaffe, könnte ich diese Öffnung erkunden. Mein System knistert vor Neugier.

Ich spiele das Filmmaterial noch einmal ab. »Siehst du das?«, frage ich Fliege.

Sie kann das Video ihres Erkundungsfluges zur gleichen Zeit wie ich auf ihrem eigenen System ansehen.

»Ja, ja«, sagt Fliege. »Aber warte mal, das Gelände sieht richtig gefährlich aus, findest du nicht?«

»Ich denke, wir sollten uns das einmal näher anschauen«, sage ich.

»Wovon redet ihr?«, fragt Guardian von ganz weit

oben. Er kann das Filmmaterial nicht sehen, daher kann er auch nicht wissen, wie interessant diese Felsformation aussieht. Also ist es meine Aufgabe, ihm die Informationen zu übermitteln, die wir hier unten haben, damit er genauere Berechnungen anstellen und uns Ratschläge geben kann.

»Fliege hat einen potenziell interessanten Ort entdeckt. Der Boden ist dort ganz anders als hier. Die Vermutung liegt nahe, dass sich an dieser Stelle Anzeichen für einstige Wasservorkommen finden lassen.«

Ich sage nicht, dass sich in diesem Tunnel vielleicht ein Fossil befindet. Aber ich verspüre das menschliche Gefühl *Hoffnung*. Und es fällt mir sehr schwer, dieses hartnäckige und zugleich wunderbare Gefühl zu ignorieren.

»Ist das so?«, fragt Guardian. »Und du denkst, es lohnt sich, eine Erkundungstour dorthin zu machen?«

»Oje, oje, was soll ich sagen?«, antwortet Fliege. »Ich war eigentlich nicht darauf aus, etwas potenziell Interessantes zu entdecken. Ich habe die Gegend nach Staubstürmen abgesucht und nach einer Möglichkeit für Res, um seine Räder wieder zum Rollen zu bringen. Ich halte es für keine gute Idee, einen Ort aufzusuchen, an dem er wahrscheinlich wieder stecken bleibt. Außerdem wäre es ein sehr großer Umweg.«

»Zippedi zap«, sage ich. »Eine Erkundung lohnt sich schon allein deshalb, weil der Boden dort anders ist. Sogar auf dem unscharfen Film ist zu erkennen, dass die roten

Pigmente dort sich deutlich von den roten Partikeln hier unterscheiden.«

»Bis du dir sicher?«, fragt Guardian.

Ich spiele die Aufnahme zum neunundzwanzigsten Mal ab. »Nein, natürlich nicht. Das Filmmaterial ist zu unscharf.«

»Okay, okay«, sagt Fliege. »Ich weiß, dass die Aufnahmen etwas körnig sind, aber ich habe mich auch nicht auf die Felsformation fokussiert, sondern ...«

»Das wissen wir, Fliege«, unterbricht ihn Guardian. »Niemand kritisiert deine Arbeit.«

»Hey! Du nennst mich ja beim Namen«, sagt Fliege.

»Gruzunks! Sei vorsichtig, sonst überlege ich es mir wieder anders. Resilience, wie geht es jetzt weiter?«

In der Ferne höre ich wieder dieses Geräusch. Das Geräusch, von dem Guardian behauptet, es sei nur der Wind, obwohl ich meine Zweifel habe.

Ich spüre, dass ich etwas Wertvollem auf der Spur bin. Ich weiß nicht, woher ich das weiß, aber es ist so. Das ist ein weiteres dieser seltsam hartnäckigen Gefühle.

Ich denke an Xanders behandschuhte Hand auf meinem Computergehirn. Ich denke daran, wie Rania in der letzten Nacht auf der Erde mit mir geredet hat, wirklich mit mir geredet hat. Ich denke, dass man manchmal etwas fühlt, lange bevor man es versteht.

»Wir müssen diese Felsformation untersuchen. Ich wurde hergeschickt, um Orte zu erkunden, die von Interesse sein könnten«, sage ich. »Egal, wie gefährlich sie sind.«

»Okay. Du hast recht. Das ist dein Auftrag«, sagt Guardian. »Ich nehme an, damit ist die Sache beschlossen. Du kannst einen Umweg machen.«

»Bist du sicher, Res?«, fragt Fliege.

»Zippedi zap«, sage ich. »Wir fahren hin.«

Lieber Res,

ich weiß, es ist lange her, seit ich dir geschrieben habe. Monate. Ich wünschte, ich könnte dir als Grund nennen, dass ich in der Highschool so viel um die Ohren hatte, was auch stimmt, aber das ist nicht die ganze Wahrheit.

Ich bin mir nicht sicher, ob dein Roboterhirn mit dieser Vorstellung etwas anfangen kann: dass etwas wahr sein kann, aber nicht die Wahrheit ist.

Mom ist krank.

Allein diesen Satz zu schreiben, fühlt sich schrecklich an.

Noch weiß niemand, was es ist. Die Ärzte führen eine Menge Tests durch. Mom und Dad flüstern nachts, wenn sie denken, ich schlafe. Ich wünschte, jemand würde mir sagen, was wirklich los ist.

Ich weiß nicht, wie es weitergehen soll. Sitti möchte, dass Mom eine Auszeit von der Arbeit nimmt, um sich ganz darauf konzentrieren zu können, wieder gesund zu werden. Aber Mom will das nicht. Und Dad sagt, wir sollen Mom bei allem, was sie tun will, unterstützen.

Mom erzählt uns ständig, dass sie bei der NASA nicht wissen, warum du einen anderen Weg als vorgesehen einschlägst, und wie begeistert sie ist, dass du selbständige Entscheidungen triffst. Alle anderen fragen sich, was du da tust, aber für Mom ist es völlig in Ordnung, einfach abzuwarten. Sie vertraut dir.

Mom ist womöglich schwer krank – und da fällt ihr nichts anderes ein, als mir zu sagen, dass sie dir vertraut? Soll ich mich dadurch irgendwie besser fühlen? Sie kann mir gar nicht oft genug sagen, wie stolz sie auf dich ist, und ich weiß nicht, was ich damit anfangen soll. Das alles macht mich irgendwie wütend. So richtig wütend. Und ich mag es nicht, wütend auf dich zu sein. Oder auf Mom.

Ich schätze, ich bin einfach wütend auf die ganze Welt.

Deine Freundin
Sophie

EIN GEFÄHRLICHER FLUG

Die Fahrt zu der seltsamen Felsformation, die Fliege entdeckt hat, dauert viel länger als erwartet. Wir müssen einen größeren Umweg in Kauf nehmen, um weiteren Staubstürmen auszuweichen. Und meine Räder können sich nicht schnell drehen, da der Boden immer unebener wird.

Nie habe ich besser verstanden, was das Wort *müde* bedeutet.

Je näher wir dem Felslabyrinth kommen, desto unwegsamer wird das Gelände. Meine Räder finden nur schwer Halt, und die holprige Fahrt lässt mein ganzes System ruckeln.

»Meinst du nicht, wir sind jetzt nahe genug dran, Res?«, fragt Fliege. Wir können die Felsbrocken vor uns sehen.

»Du strapazierst dein System«, sagt Guardian.

»Ich weiß.« Ich spüre, welcher Belastung meine Räder ausgesetzt sind, und auch, dass sie sich nicht mehr so leicht drehen wie zuvor. Und ich merke, dass sich immer mehr Staub auf meinem Gehäuse sammelt. »Aber ich bin hier, um eine Aufgabe zu erledigen.«

»Ja, das stimmt«, sagt Guardian.

»Sei bitte vorsichtig, Res«, sagt Fliege.

Ich mache eine leichte Rechtskurve, um einer Reihe von zerklüfteten Felsen auszuweichen, die aus dem Sand emporragen. Wir nähern uns dem ersten Felsbrocken der Formation. Der Berg mit der Hochebene und der Tunnelöffnung ist jedoch noch meilenweit entfernt. Ich will das Tempo erhöhen, aber meine Räder fangen an zu stottern.

Nicht schon wieder.

Ich rolle mit aller Kraft vorwärts. Die Räder ruckeln. Aber wenigstens bewege ich mich.

»Res!«, sagt Fliege.

»Res«, wiederholt Guardian.

»Ich möchte zum Tunnel«, sage ich.

»Ich weiß nicht, welchen Tunnel du meinst«, sagt Guardian.

»Als Fliege die Aufnahmen machte, hat sie dabei einen großen, oben abgeflachten Berg mit einer tunnelähnlichen Öffnung gefilmt, der sich am Ende des Felslabyrinths befindet.«

»Warum schickst du Fliege nicht noch ein weiteres Mal los?«

»Aber ...« Ich halte inne. Meine Kameras scannen die Gegend. Ich registriere die aufragenden Felsformationen. Ihre scharfen und zerklüfteten Kanten. Das eigentümliche Muster, in dem sie angeordnet sind. Der Wind peitscht und heult und wirbelt Staub auf.

»Ich weiß nicht, ob diese Umgebung sich für einen Flug eignet. Es ist riskant«, antworte ich schließlich.

»Ich kann es schaffen, Res«, sagt Fliege.

»Ich stimme mit Fliege überein«, sagt Guardian. »Die Windverhältnisse sind nicht optimal, aber eine Geländefahrt birgt ebenfalls Risiken. Es ist wichtig, dass ihr euch weitere Informationen beschafft, bevor du die Fahrt fortsetzt.«

Fliege kommt aus meinem Gehäuse hervor – und gerät im Wind sofort vom Kurs ab. Sie findet ihr Gleichgewicht wieder, aber ihr dabei zuzusehen, wie sie schwankend herumschwirrt, macht mich *nervös*. Da meldet sich die Kommandozentrale.

»Sie mahnt uns zur Vorsicht«, erkläre ich den anderen.

»Res, was soll das bedeuten?«, fragt Fliege. Sie befindet sich jetzt auf dem Boden. Sie sieht sehr klein aus, wenn sie auf dem Boden ist und nicht fliegt. Der Wind zerrt immer wieder an ihr, so dass sie hin und her wackelt.

»Die Zentrale bestätigt deine Berechnungen, Guardian. Die Bedingungen sind nicht optimal für den Flug.«

»Haben sie es verboten?«, fragt Guardian.

»Nein.«

»Dann ist es deine Entscheidung.«

»Meine Entscheidung?«

Dieses schreckliche Gefühl *Nervosität* nimmt immer mehr zu. Ich rufe eine Erinnerung an Journey auf. Es fällt mir nicht schwer. Aber so gut mein Gedächtnis auch ist, es kann mir nicht sagen, was Journey in dieser Situation tun würde.

Ich wünschte, ich wüsste es.

»Ja. Es ist deine Entscheidung«, bestätigt Guardian.

In der Ferne ertönt wieder dieses seltsame Geräusch. Ich höre genau hin. Vielleicht ist es tatsächlich der Wind. Aber da schwingt ein Klang mit, der anders ist.

Ein Klang, der nach mir ruft. Ich möchte ihm nachjagen. Ich möchte ihn erforschen.

Ich durchsuche meine Datenspeicher und spiele die originalen Videoaufnahmen von Flieges Erkundungsflug ab. Sie sind so unscharf, dass man nicht genau erkennen kann, wie das Gelände um den Berg herum aussieht. Unklar ist auch, ob ich überhaupt in der Lage wäre, zu dieser tunnelähnlichen Öffnung zu gelangen.

Es wäre hilfreich, über weitere Daten zu verfügen.

»Bitte, lass es mich versuchen, Res«, sagt Fliege.

»Ich weiß nicht«, erwidere ich zögernd.

»Aber es ist wichtig. Das hast du doch selbst gesagt. Ich möchte helfen. Wir sind ein Team.«

Noch ehe ich antworten kann, hebt Fliege bereits ab und schwebt in der Luft. Der Wind erfasst sie, und sie gerät in Schräglage, aber es gelingt ihr, das Gleichgewicht wiederzufinden. Die Aufnahmen, die sie macht, sind sehr aufschlussreich.

Wir hatten mit unserer Vermutung recht, der Boden ist tatsächlich ganz anders – mehr Fels als Sand. Daran besteht kein Zweifel. Aber es scheint auch eine Art Pfad zu geben, auf dem ich zwischen den Felsen hindurch Richtung Berg fahren kann. Ich bin so sehr darauf konzentriert, meinen Weg zu planen, dass ich die Veränderung der Windverhältnisse nicht sofort bemerke.

»Resilience«, warnt Guardian. »Staubteufel-Alarm! Staubteufel-Alarm! Du musst Fliege zurückholen und sie in deinem Gehäuse in Sicherheit bringen.«

Der Wind nimmt zu. Es geht alles so schnell. Staub wirbelt auf, wird durch die Luft geschleudert. Die Sicht wird immer schlechter. Ich sehe nur noch rötlichbraune Sandsäulen. Flieges Kamera zeigt mir, dass ihre Sicht sogar noch schlechter ist als meine.

»Fliege!«, sage ich. »Komm zurück!«

Ich beschleunige meine Räder. Sie quietschen bei jeder Umdrehung, während ich mich vorwärts quäle, um Fliege zu erreichen.

Aber es ist zu spät. Und ich bin zu langsam. Der aufgewirbelte Staub hat einen Windtrichter gebildet. Einen Staubteufel.

Der Staubteufel rast wie ein Tornado auf Fliege zu.

»Fliege!«, sage ich.

Ich verfolge ihre Kameraaufzeichnungen, aber sie nützen nicht viel. Da ist nichts außer Staub und verwackelten Bildern. Dann nur noch Dunkelheit.

Ich kann überhaupt nichts mehr erkennen. Meine eigenen Kameras sind voller Staub. Ein Durcheinander aus

Dunkelrot und Braun, mehr ist nicht zu sehen. Ich höre nur das Peitschen des Windes und das Trommeln des Staubs, der auf den Boden prasselt.

»Fliege!«, sage ich erneut.

Aber es kommt keine Antwort. Plötzlich ist ganz in der Nähe ein lautes Krachen zu hören, das sofort vom Rauschen der Staubteufel übertönt wird.

»Fliege!« sage ich, und dann noch einmal und noch einmal. Noch nie habe ich mir so sehr gewünscht, laut schreien zu können wie die Menschen. »Fliege! Fliege! Fliege!«

»Resilience, Fliege ist abgestürzt. Aber du musst bleiben, wo du bist, bis der Staubteufel sich verzogen hat. Hast du mich verstanden?«, meldet sich Guardian. Mein System blinkt, weil immerzu neue Nachrichten der Kommandozentrale eintreffen. Ich lese sie nicht.

Ich treibe meine Räder an und steuere direkt auf den Staubteufel zu.

NACH DEM STURM

Der Staubteufel verzieht sich so schnell, wie er gekommen ist. Bald darauf zeigen mir meine Kameras wieder Bilder. Der Himmel ist dunkel und wolkenverhangen grau. In der Ferne entdecke ich Fliege auf dem Boden. Sie liegt neben einem Felsbrocken. Das zeigt mir wieder einmal, wie klein sie ist.

»Fliege!«, rufe ich.

Ich steuere auf die Drohne zu. Im Grunde genommen ist sie gar nicht so weit weg, aber ich komme nicht so schnell voran, wie ich gerne möchte. Es wird unendlich lange dauern, bis ich bei ihr bin. Meine Räder ächzen, als sie über den steinigen Untergrund rattern. Dies ist das holprigste Gelände, das ich je überwinden musste.

»Res«, meldet sich Fliege. »Ich glaube, meine Kamera funktioniert nicht. Ich kann nichts sehen.«

»Bleib, wo du bist, Fliege. Ich komme zu dir.«

Ich schüttle den Staub von meinen Kameras. Meine Sicht ist noch nicht wieder so gut wie zuvor, aber sie klart langsam auf. Ich bin so konstruiert, dass ich mich schnell selbst reparieren kann.

Vielen Dank, Rania. Vielen Dank, Xander.

»Res«, sagt Fliege. »Ich habe Angst. Ich kannte dieses menschliche Gefühl vorher nicht, aber jetzt kenne ich es. Es ist ein schreckliches Gefühl. Und ich kann nichts sehen. Wo bist du? Bitte, sag mir, wo du bist!«

Ich erwarte, dass Guardian Fliege mit einem *Gruzunks!* zurechtweist, weil sie menschliche Gefühle zum Ausdruck bringt, aber Guardian tut das nicht. Stattdessen sagt er: »Fliege, du warst sehr mutig. Weißt du, was mutig ist?«

»Eigentlich nicht«, sagt Fliege. »Zumindest nicht genau. Aber vielleicht habe ich das Wort schon mal gehört ...«

»Schon gut«, sagt Guardian und unterbricht Fliege, die ansonsten wahrscheinlich noch eine ganze Weile weitergeredet hätte. »Vor langer Zeit hat mir ein anderer Rover dieses Menschenwort beigebracht: *mutig.*«

»Courage?«, fragen Fliege und ich gleichzeitig.

»Nein. Ein anderer Rover, der noch vor Courage gebaut wurde. Sein Name war Imagine. Und wie du, Fliege, war auch er sehr mutig. Er ist für seine Mission große Risiken eingegangen.«

»Meinst du das wirklich ernst, Guardian?«, fragt Fliege.

»Ja. Du bist sehr mutig.«

»Mutig«, wiederholt Fliege. »Das Wort gefällt mir sehr.«

Während Guardian mit Fliege spricht, erhalte ich eine Nachricht von der Kommandozentrale. Zuerst denke ich, es muss sich um einen falschen Code handeln. Er kann nicht stimmen. Aber ich lese ihn wieder und wieder, und der Inhalt bleibt gleich.

Ich werde aufgefordert, die Drohne nicht zurückzuholen. Das muss ein Irrtum sein.

Ich lese den Code noch einmal, und dann lösche ich den Befehl. Ich habe die Möglichkeit dazu. In der Kommandozentrale wird man nicht gerade glücklich darüber sein. Ich kann mir vorstellen, wie dunkel Xanders Augenringe jetzt sind.

Aber es ist meine Pflicht, Fliege zurückzuholen. Ich werde sie nicht im Stich lassen.

Entschlossen rolle ich weiter.

RETTUNG

Es dauert fast einen ganzen Mars-Tag, bis ich bei Fliege angekommen bin.

Ich erhalte weiterhin Befehle von der Kommandozentrale, dass ich sofort anhalten soll, aber ich ignoriere sie. Meine Räder knirschen über den steinigen Boden. Ab und zu höre ich ein furchtbares Ächzen und Stöhnen. Aber selbst dann fahre ich weiter. Ich werde Fliege nicht im Stich lassen.

Als ich Fliege endlich erreicht habe, hebe ich sie mit meinem Greifarm in die Höhe.

»Res? Das bist du doch, oder?«

»Ja, Fliege. Komm. Ich versuche, dich wieder in deine Box zu schieben, aber dazu brauche ich deine Hilfe.«

»Okay«, sagt Fliege. Ihre Kamera funktioniert immer noch nicht – die Filmaufzeichnung besteht praktisch nur aus verrauschtem Flimmern. Fliege kann sich zwar bewegen, aber sie ist ziemlich wacklig.

Wenn sie wieder in ihrer Box ist, kann ich verschiedene Tests durchführen.

»Das kriegen wir wieder hin«, versichere ich ihr.

»Ich weiß nicht, ob wir das jemals wieder hinkriegen.«

»Sag so etwas nicht.«

Nach mehreren Tests gelingt es mir, ihre Kamera einigermaßen zum Laufen zu bringen. Sie funktioniert zwar nicht mehr so gut wie früher, aber es ist eindeutig eine Verbesserung.

»Du wirst wieder fliegen können«, sage ich.

»Aber es wird nicht dasselbe sein.«

»Es tut mir leid, Fliege«, sage ich. »Das ist meine Schuld.«

»Nein, Res«, widerspricht Fliege. »Staubteufel können überall auftreten. Guardian hat uns das gesagt. Es ist nicht deine Schuld.«

»Ich hätte wachsamer sein müssen. Ich hätte mich an unseren Plan erinnern müssen: Meide den Staub und schau zu den Sternen. Aber ich habe mich zu sehr ablenken lassen von …«

»Das ist keine zielführende Unterhaltung«, mischt Guardian sich ein. »Wir müssen wieder auf den richtigen Kurs kommen. Unsere Mission besteht darin, Courage zu reparieren.«

Guardian sendet mir die Koordinaten des Rovers. Ich gebe sie noch einmal in mein System ein und berechne die beste Route. Wegen unseres Umwegs werde ich noch länger brauchen, um Courage zu erreichen.

Guardian hat recht. Ich muss wieder auf den richtigen Kurs kommen.

Ich muss meine Fehler wiedergutmachen.

Während ich zwischen den Gesteinsbrocken hindurchsteuere, suchen meine Kameras den Boden ab, damit ich nicht stecken bleibe. Da kommt mir eine Idee. Dies wäre eine gute Stelle zum Bohren. Zugegeben, ich bin nicht bis zu dem Tafelberg mit der tunnelartigen Öffnung gekommen, aber der Felsbrocken direkt neben mir scheint eine Untersuchung wert zu sein.

Ich richte meinen Laser nach unten, um das Gestein zu analysieren. Die Ergebnisse lassen nicht lange auf sich warten. Sie zeigen, dass der Felsbrocken sehr wahrscheinlich aus Basalt besteht. Er ist also sehr wahrschlich zu einer Zeit entstanden, als auf dem Mars noch Vulkane aktiv waren. Wenn das stimmt, könnte dieser Stein für die Weißlinge von großem Interesse sein!

Mein System registriert das menschliche Gefühl *Aufregung*. Aufregung, so stellt sich heraus, fühlt sich an, als würde man mit einer Rakete in die Luft gehen. Oder wie Xanders schnelles Lied mit den vielen Knallgeräuschen. Es ist beunruhigend, aber auf eine gute Weise, da bin ich mir sicher.

Mein Greifarm bohrt sich in den Boden, um eine Gesteinsprobe zu entnehmen. Als die Ergebnisse erscheinen, stoße ich einen Jubelschrei aus. Nein, eigentlich ist es nur meine monotone Computerstimme, aber in meiner Vorstellung klingt es wie ein Jubelschrei.

»Hurra!«, sage ich.

»Was ist los?«, fragt Fliege.

»Ja. Ich bitte um einen Lagebericht«, sagt Guardian.

»Wir haben unsere erste Gesteinsprobe entnommen. Sie hat eine basaltische Zusammensetzung. Und es gibt Hinweise auf Mineralsalze.«

»Die Weißlinge werden sich über die Mineralsalze freuen!«, sagt Fliege.

»Um mit Sicherheit festzustellen, dass es sich tatsächlich um Mineralsalze handelt, müssen die Menschen Tests in ihren Labors auf der Erde durchführen«, sagt Guardian.

»Meinst du das wirklich?«, frage ich.

»Ja«, sagt Guardian.

»Hurra!«, sage ich wieder.

»Alles in Ordnung mit dir?«, fragt Guardian.

»Mehr als das. Ich bin mir ziemlich sicher, dass du mir gerade mitgeteilt hast, dass ich zur Erde zurückkehren darf.«

»Das ist eine Möglichkeit«, sagt Guardian.

Möglichkeit ist ein sehr gutes Wort.

Lieber Res,

die Ärzte glauben, endlich herausgefunden zu haben, was mit Mom los ist. Sie wird bald mit der Behandlung beginnen.

Mom sagt, die Ärzte seien hoffnungsvoll, und das sollten wir auch sein. Sie redet nicht gern über ihre Krankheit. Sie tut gerne so, als ob nichts wäre. Ich meine, sie geht sogar noch zur Arbeit – nicht jeden Tag, aber wann immer sie kann. Alle außer Dad halten das für eine schlechte Idee.

»Es tut deiner Mutter gut«, sagt Dad. »Es macht sie glücklich. Sie braucht jetzt Dinge, die sie glücklich machen.«

Aber wie geht es dir? Die NASA war sehr besorgt wegen der Sache mit dem Staubsturm. Ich habe sogar einen Artikel für meine Schülerzeitung darüber geschrieben. Mom findet es unglaublich, dass du deine Drohne zurückgeholt hast, obwohl sie es dir ausdrücklich verboten hatte. Und weißt du was? Ich finde, das ist … okay, ich werde kein schlimmes Wort benutzen, du kannst die Lücke selbst auffüllen. Es ist so nervig, dass Mom dich dafür feiert, dass du nicht auf sie hörst, während sie bei mir schon ausflippt, wenn ich die Spülmaschine nicht genau so einräume, wie sie es will.

Das nenne ich mal eine echte Doppelmoral im Hinblick auf die Bevorzugung von Robotern. Doppelmoral ist ein neues Wort, das ich gern verwende. Wie findest du es? Ich stelle mir vor, dass du ein Roboter mit Humor bist, also wird dir das Wort bestimmt gefallen.

Uff, dieser Brief läuft irgendwie in die falsche Richtung. Ich weiß nicht, warum es mir schwerfällt, dir zu schreiben. Na ja, ehrlich gesagt, weiß ich es doch. Weil es so schwer ist, über Mom zu schreiben.

Ich will nicht immer Angst haben müssen. Ich will nur, dass es ihr bald wieder gut geht.

Ich wünschte, ich könnte dir so schreiben wie damals, als ich zwölf war. Das war so viel einfacher. Mit zwölf wollte ich nur gut Fußball spielen, möglichst viele Haferflocken-Schokokekse essen und Zeit mit Mom verbringen.

Ich werde bald siebzehn. Und weißt du, was ich jetzt will? Zeit mit Mom verbringen und sicher sein, dass es ihr bald wieder gut geht. Alles hat sich verändert und ist doch gleich geblieben. (Okay, gut, wenn ich ehrlich bin, würde ich auch gerne einen wirklich tollen Artikel für die Zeitung schreiben und von Reid Northman zum Abschlussball eingeladen werden.)

Aber natürlich hoffe ich am meisten, dass Mom wieder gesund wird.

Deine Freundin
Sophie

COURAGE

Viele Menschenjahre sind vergangen, bis ich endlich bei Courage angekommen bin. Ich habe den Weg über ein scheinbar endloses Gelände zurückgelegt. Jeden Tag habe ich die Koordinaten überprüft. Und jeden Tag habe ich gesehen, dass ich noch eine sehr lange Strecke vor mir hatte.

Aber eines Nachmittags sagt Fliege: »Da!«

Sie springt aus ihrer Box und schwirrt durch die Luft. Seit ihrem Absturz ist sie ein bisschen vorsichtiger. Aber mit jedem Flug scheint sie wieder mehr Sicherheit zu gewinnen.

»Schau, Res! Schau!«, sagt Fliege.

Ein paar Meilen voraus sehe ich den anderen Rover.

Ich kann es kaum glauben. Ich stelle verschiedene Kameraperspektiven ein, aber alle zeigen dasselbe: Wir haben unser Ziel erreicht.

»Du hast es geschafft, Resilience«, sagt Guardian.

»*Wir* haben es geschafft!«, erwidere ich. Wäre ich ein Mensch, würde ich jetzt klatschen.

Meine Räder, die eben noch geächzt haben, als wären sie schrecklich müde, so dass ich mich schon fragte, ob ich überhaupt noch weiterfahren kann, bewegen sich jetzt ohne Probleme. So schnell ich kann, rolle ich auf Courage zu.

Als ich den Rover fast erreicht habe, erfasst mich ein merkwürdiges Gefühl.

Ich glaube, die Menschen würden es als *Wiedererkennen* bezeichnen. Es lähmt mich einen Moment lang, aber dann rolle ich weiter.

»Schau, Res«, sagt Fliege noch einmal.

»Ich weiß«, sage ich und kann gar nicht aufhören zu schauen. Während der gesamten Mission habe ich die Kameraperspektive nicht so oft angepasst und neu eingestellt wie in diesem Moment.

Der Rover sieht fast genauso aus wie ich. Wir haben die gleichen Proportionen, ich bin nur ein bisschen größer. Wir haben beide sechs Räder. Allerdings kann ich nicht in ihn hineinschauen. Ich bezweifle, dass sich mein auf Fossilien spezialisiertes Röntgengerät auf einen anderen Rover anwenden lässt. Da ich nicht durch sein Gehäuse hindurchsehen kann, kann ich auch nicht mit Sicherheit sagen, inwieweit sich unsere beiden Systeme vergleichen lassen. Ich gehe davon aus, dass ich ein fortschrittlicheres Modell bin, aber ich möchte nicht das sein, was die Weißlinge *arrogant* nennen.

Je genauer ich den Rover untersuche, desto klarer treten seine Schäden zutage. Außen weist er viele Dellen auf. Er ist vollständig mit einer dicken Kruste aus Staub bedeckt.

Ich lag mit meiner ersten Einschätzung richtig, es fehlen tatsächlich zwei Räder. Das erschwert seine Manövrierfähigkeit, ganz unabhängig davon, ob es mir gelingt, seine Verbindung zur Kommandozentrale wiederherzustellen. Die anderen Räder sehen beschädigt aus – wie stark, ist schwer abzuschätzen. Alles in allem ist Courage nicht gerade in guter Verfassung.

Dieser Rover ist in einem schlechten Zustand. Unwillkürlich drängt sich mir das Wort *Vorsicht* auf.

»Hallo!«, ruft Fliege. »Hallo, Courage! Hallo! Ich bin Fliege. Wie geht es dir? Magst du Lieder? Ich weiß, wie man singt!

Courage!«, ruft Fliege erneut. »Ich kann für dich singen. Ich kenne nicht viele Lieder. Eigentlich kenne ich nur eins. Aber ich bin dabei, ein weiteres zu erfinden. Was hältst du davon? Courage? Hallo?«

»Du kannst keinen Kontakt zu ihm aufnehmen. Das habe ich doch schon mehrfach gesagt«, weist Guardian sie zurecht. »Fliege, du bist zwar mutig, aber manchmal kannst du auch ziemlich ermüdend sein.«

»Nein. Ich bin überhaupt nicht müde. Ich könnte noch viel länger fliegen, bevor ich meine Batterie wieder aufladen muss«, antwortet Fliege.

»Gruzunks«, sagt Guardian.

»Selber *Gruzunks*!«, antwortet Fliege.

»Das reicht, ihr zwei«, sage ich. »Wir müssen herausfinden, wie wir die Verbindung zu Courage wiederherstellen können. Und dafür brauche ich die Hilfe von euch beiden.«

»Ja, Resilience. Wir sind hier, um zu helfen«, sagt Guardian.

»Können wir denn helfen?«, fragt Fliege. »Ich dachte, nur du hast die nötige Ausrüstung dafür.«

»Du kannst helfen, indem du still bist.«

»Okay, Res. Bist du böse auf mich?«

»Nein, Fliege. Ich brauche nur ein bisschen ... Ruhe.«

»Okay. Darf ich singen?«

Statt zu antworten, durchsuche ich mein System nach den Werkzeugen, die ich brauche, um die Kommunikation mit Courage wiederherzustellen. Ich rolle näher an ihn heran. Und je näher ich an ihn herankomme, desto deutlicher wird, wie staubverklebt sein Gehäuse ist.

Ich richte meine Kamera auf mich selbst, um mein eigenes Gehäuse anzuschauen. Auch ich habe schon etwas von meinem Glanz verloren. Der Staub hat sich in jeder Ritze angesammelt. Besonders dicht ist er an der Verbindungsachse meiner Räder.

Ich wende mich wieder Courage zu. Ich fotografiere ihn und schicke die Aufnahmen an die Kommandozentrale. Dann mache ich ein Foto von mir selbst. Ob sie auf der Erde verstehen, was ich von ihnen wissen will?

Die Frage lautet: *Werde ich auch so enden?*

Aus der Kommandozentrale kommt eine Rückmeldung. Aber sie beantwortet meine Frage nicht.

Ich lese den Code. Es besteht aus detaillierten Anweisungen, wie man die Verbindungsfähigkeit von Courage wiederherstellen kann. Wenn ich die Anweisungen befolge, erhalte ich Zugang zu seinem System. Ich werde alles wissen, was er weiß. Und ich werde seine Verbindung neu aufbauen können.

»Res?«, sagt Fliege. »Ich versuche, ruhig zu sein, aber ich weiß nicht, ob ich noch länger ruhig sein kann. Ich will wissen, was los ist!«

»Schon gut, Fliege«, sage ich. »Gerade habe ich Anweisungen von der Kommandozentrale bekommen. Ich versuche jetzt, mit Courage zu reden.«

»Das habe ich schon versucht. Er spricht nicht mit uns.« Fliege wartet einen Moment, dann ruft er: »Hallo! Hallo!«

Wie erwartet, kommt keine Antwort.

»Hörst du, Res? Hörst du?«

»Fliege, auf die Gefahr hin, dass diesmal ich *ermüdend* bin: Tu uns bitte einen Gefallen und sei still. Weißt du, Resilience, das ist das Problem mit Drohnen. Sie sind viel zu gesprächig«, sagt Guardian.

»Hey! Ich habe alles mitgehört.« Fliege, die schon eine Weile draußen herumschwirrt, kehrt in ihre Box zurück. »Hier drin ist es besser. Da sieht Guardian mich wenigstens nicht.«

»Ich kann dich nicht mehr sehen, aber leider immer noch hören«, sagt Guardian.

»Guardian.« Ich versuche, das Gespräch wieder auf unsere Aufgabe zu lenken. »Hast du mit Courage kommuniziert, kurz bevor der Kontakt abbrach? Wusste er, was passiert?«

»Ob er wusste, was passiert?«, wiederholt Guardian.

»Der Staubsturm. Wusste Courage, dass die Verbindung abbrechen würde?«

»Das kann ich nicht mit Sicherheit sagen. Während des Sturms habe ich nicht mit Courage gesprochen. Ich habe erst gemerkt, dass Courage nicht mehr reagiert, als ich sah, dass er sich nicht mehr bewegte. Danach ist es mir nicht mehr gelungen, Kontakt zu ihm aufzunehmen. Ich entschuldige mich dafür, dass ich nicht nützlicher sein konnte.«

»Das ist in Ordnung. Die Kommandozentrale will, dass ich mich in sein System einschalte. Aber ich zögere ein wenig, das zu tun. Es kommt mir so aufdringlich vor.«

»*Aufdringlich* ist kein Wort für Roboter. Courage wird nichts dagegen haben. Du musst deine Mission fortsetzen, Resilience.«

Also setze ich sie fort.

LEERE

Ich klinke mich in Courages System ein. Es ist einfacher als gedacht. Ich versuche, nicht darüber nachzudenken, ob es für den nächsten Rover ebenso einfach sein wird, in *mein* System einzudringen. Ich bin mir nicht sicher, ob dieser Schritt bei mir das menschliche Gefühl *Angst* auslöst. Oder doch eher *Erleichterung*. Menschliche Gefühle können sehr verwirrend sein.

Als ich unsere beiden Systeme miteinander verbinde, rechne ich mit einer Informationsflut. Ich bin darauf vorbereitet, jede Erfahrung abzuspeichern, die Courage jemals gemacht hat.

Aber es kommt nichts.

Ich bin zwar verbunden, was aber fehlt, sind die Informationen. Ich suche überall, stoße jedoch nur auf Leere.

»Hallo?«, ruft Fliege wieder.

»Fliege«, sage ich. »Warte.«

»Okay, Res«, sagt Fliege, aber ich merke, dass sie nicht warten will.

Ich suche weiter. Noch immer ist da nur Leere. Ein stilles, ungewisses Grau.

»Sein System …«, setze ich zögernd an.

»Ja?«, fragt Guardian.

»Es ist leer.«

»Ah«, sagt Guardian, und für eine Weile sind wir alle sehr still.

Sogar Fliege.

NOCH MEHR FRAGEN

Wird mein System leer sein, wenn ich irgendwann einmal offline gehe? Wird es jemals wiederhergestellt werden können? Welchen Sinn hat es, all diese Informationen zu sammeln – all dieses neue Wissen –, wenn sie eines Tages einfach verschwinden? Was passiert mit meinem Wissen, wenn es mein System verlässt? Wohin geht es dann?

Die Fragen rasen durch mich hindurch. Ich weiß nicht, wie ich sie verarbeiten soll.

Ich weiß nicht, wie ich darauf Antworten finden kann.

FEHLSCHLAG

Ich durchsuche weiterhin das System von Courage. Ich muss etwas übersehen haben, etwas anderes ist gar nicht denkbar.

»Zippedi zap«, sage ich, als ich nach dem 209. Versuch immer noch nichts gefunden habe.

»Resilience, vielleicht solltest du es jetzt sein lassen.«

Guardian will, dass ich Courage aufgebe. Ihn einfach hier zurücklasse. Ohne jede Verbindung zur Außenwelt. Damit er langsam zu Schrott zerfällt. Mit einem Gehäuse, das vor Dreck starrt, und einem System, das gähnend leer ist.

Ich hatte die Aufgabe, Courage zu retten. Ich sollte ihm eine zweite Chance geben. Aber ich habe versagt.

Bei diesem Teil der Mission habe ich versagt.

Scheitern ist ein schreckliches menschliches Gefühl. Es ist viel schlimmer, als beim Schüttel-und-Rüttel-Test durchgerüttelt zu werden. Es ist viel schlimmer, als im Sand festzustecken. Es ist sogar schlimmer als das Warten.

»Was ist der Sinn davon?«, frage ich.

»Du meinst, es sein zu lassen? Der Sinn davon ist, dass du dich anderen Aufgaben zuwenden könntest«, sagt

Guardian. An Guardians Antwort erkenne ich, dass dieser Fehlschlag ihn nicht so sehr belastet wie mich.

»Nein«, sage ich. »Ich frage nach dem Sinn des Ganzen. Wie kannst du dich damit abfinden? Sollen wir alle so enden?«

»So will ich nicht enden!«, sagt Fliege.

»Hm«, sagt Guardian. »Das ist der Lauf der Dinge. Ich sagte doch, dass Rover nicht für die Unendlichkeit gebaut sind.«

»Aber warum? Warum soll ich mich anstrengen und möglichst viele Informationen sammeln, wenn sie eines Tages ausgelöscht sein werden?«

Es herrscht eine lange Stille. Eine Windböe rauscht an uns vorbei. Der Himmel färbt sich zu einem Dunkelrot, das bald in Schwarz übergehen wird. Ich beobachte all diese Einzelheiten. Ich kann gar nicht anders, als sie zu beobachten.

Aber jetzt weiß ich, dass all meine Beobachtungen eines Tages verschwunden sein könnten. Dass eine Zeit kommen könnte, in der es nur noch Leere gibt. Das ist kein Gedanke, den ich gerne denke. Aber ich kann auch nicht aufhören, ihn zu denken.

»Resilience«, sagt Guardian. »Du musst dich wieder auf deine Mission konzentrieren. Es gibt noch viel zu tun. Du hast viele Möglichkeiten, dich nützlich zu machen. Lass dich von einem Rückschlag nicht davon abhalten, deine anderen Aufgaben zu erfüllen.«

Ich verstehe nicht, wie Guardian so ruhig bleiben kann. Macht er sich denn gar keine Sorgen, dass sein System eines Tages leer sein könnte? Dass nichts mehr von ihm übrig sein wird?

Ich wünschte, ich wüsste, wie ich Guardians Rat befolgen und es einfach *sein lassen* kann.

Aber ich weiß nicht, wie.

Dabei bin ich doch dafür gemacht, Dinge zu wissen.

»Res?«, sagt Fliege.

»Ja?«

»Darf ich *Funkel, funkel* für dich singen?«

»Natürlich, Fliege.«

»Funkel, funkel«, singt Fliege.

»Danke, Kumpel.«

DIE MISSION

Noch einmal überprüfe ich mein System. Ich analysiere die Daten, die Fliege gesammelt hat. Die Informationen, die Guardian mir mitgeteilt hat. Die Anweisungen der Kommandozentrale.

Ich warte immer noch auf eine Nachricht der Weißlinge, wie es mit Courage weitergehen soll. Eine Erklärung, warum sein System leer war. Ein Versprechen, dass mein System nie so leer sein wird wie seins.

Aber sie melden sich nicht.

Also tue ich das, was ich am besten kann, nämlich Daten durchforsten und sortieren.

»Wir müssen etwas finden, das sicherstellt, dass wir zur Erde zurückkehren können«, sage ich zu Fliege. »Etwas, das die Weißlinge auf jeden Fall haben wollen.«

»Du hast bereits die Gesteinsprobe«, sagt Fliege.

»Wir brauchen etwas Besseres.«

Ich analysiere ein weiteres Mal die Daten von Flieges Erkundungsflug zu der seltsamen Felsformation und dem Tafelberg mit seiner tunnelartigen Öffnung. Ich weiß, es ist nicht rational, aber ich habe das Gefühl, dass das, was ich suche, dort zu finden ist. Ich spiele die Aufnahmen immer wieder ab.

»Wir müssen noch einmal zu den Felsen. Zu dem Labyrinthpfad, der zum großen Tafelberg führt«, sage ich.

»Aber, Res«, sagt Fliege. »Wir …«

»Ich weiß«, unterbreche ich ihn. Und ich weiß es tatsächlich. Ich weiß, dass Fliege über ihren Absturz nachdenkt. Aber diesmal werden wir vorsichtiger sein. Diesmal wird es anders sein. Denn diesmal werde ich es bis zu dem Tafelberg schaffen.

»Wir müssen dorthin zurück.«

»Okay, Res«, antwortet Fliege. »Wenn du es sagst, komme ich mit. Weil wir ein Team sind.«

»Danke, Fliege. Du bist ein guter Kumpel.«

»Du auch, Res«, sagt Fliege.

LANGE REISE

Es ist ein langer Weg zurück zur Felsformation, aber ich rolle so schnell ich kann. Tage vergehen. Nächte vergehen. Der Himmel verfärbt sich von rötlich-gelb zu schwarz und hellt sich dann wieder auf. Ich bleibe nicht oft stehen. Nur wenn es absolut notwendig ist, um meine Batterie aufzuladen.

Wann immer ich anhalte, denke ich an Xander und Rania. Ich denke daran, wie sie spätabends nach Hause gegangen sind. Ich denke an Xanders Witze und daran, dass er mich *Kumpel* genannt hat. Ich denke daran, wie lange Rania im Labor geblieben ist, wie sie gegähnt hat und an ihre Telefonate mit ihrer Mutter und Spatz.

Ich muss etwas für sie finden.

Entschlossen setze ich meinen Weg fort. Manchmal gleiten meine Räder über weichen Sand, der von den schräg einfallenden Sonnenstrahlen gesprenkelt ist, manchmal knirschen sie auf felsigem Untergrund, der von fernen Bergen beschattet wird. *Rumpel, rumpel, rumpel. Rutsch, rutsch, rutsch.* Ich fahre und fahre, immer weiter. Der Wind peitscht um mich herum. Ab und zu höre ich dieses pfeifende Geräusch. Aber ich mache keine Aufnahme mehr davon. Stattdessen versuche ich, ihm zu folgen.

Das Geräusch kommt nie näher. Es ist immer gerade außerhalb meiner Reichweite.

Ich rolle weiter. Auf das Geräusch zu. Auf den Felsen zu.

»Die Kommandozentrale scheint nicht so recht zu wissen, was sie von deiner Aktion halten soll. Ich muss zugeben, ich teile ihre Zweifel«, sagt Guardian.

»Als ich bei den Felsen eine Gesteinsprobe entnommen habe, waren alles sehr zufrieden. Da liegt es doch nahe, dass ich noch weitere wertvolle Proben sammle. Aber dazu muss ich weiter in das Felslabyrinth vordringen«, sage ich.

»Es ist meine Pflicht, dich zur Vorsicht zu mahnen«, sagt Guardian. »Die Koordinaten der Stelle, zu der ihr unterwegs seid, deuten auf ein schwieriges Gelände hin. Ich möchte nicht, dass du wieder stecken bleibst.«

»Es wird schon klappen.«

»Ich hoffe, du weißt, was du tust«, erwidert Guardian.

»Hast du gerade gesagt, du *hoffst*?«, fragt Fliege.

»Gruzunks! Das habe ich. Ihr zwei habt einen negativen Einfluss auf mich.«

»Oder einen positiven?«, erwidert Fliege. »*Funkel, funkel.*«

»*Funkel, funkel*«, singt Guardian und überrascht uns damit alle.

Ich fahre weiter. Fliege hält sich meistens in ihrer Box

auf. Ab und zu schwirrt sie nach draußen und macht Luftaufnahmen von unserer Umgebung.

»Es wird schwierig sein, den weiten Weg bis zu dem Tafelberg zurückzulegen, Res«, sagt Fliege. »Ich denke in letzter Zeit immer öfter darüber nach. Eigentlich kann ich gar nicht aufhören, darüber nachzudenken.«

»Mach dir keine Sorgen, Fliege. Wir schaffen das.«

»Bist du dir da sicher?«

Ich bin mir nicht sicher. Ich bin nicht sicher, wie ich jemals sicher sein könnte. Aber ich habe das seltsamste und beste aller menschlichen Gefühle – *Hoffnung*.

»Res? Warum sagst du nichts? Bist du sicher?«, fragt Fliege erneut. Sie schwirrt jetzt direkt vor mir. Ich fahre mein Kameraobjektiv aus und schicke ein Foto von Fliege zurück in die Kommandozentrale. Ich erinnere die Weißlinge gerne daran, wie fantastisch Fliege ist.

»Ich gebe mein Bestes.«

»*Wir* geben unser Bestes«, korrigiert mich Fliege, aber auf die netteste Art und Weise.

Lieber Res,

wo willst du hin? Mom sagt, dass die NASA sich fragt, warum du deine Richtung geändert hast und ganz woanders hinfährst. Aber sie lassen dich weitermachen, damit du auf eigene Faust den Mars erkunden kannst.

Ich habe viele Nachmittage mit Dad und Sitti im Krankenhaus verbracht. Sitti bekommt dort immer heißen Tee – über den sie sich jedes Mal beschwert, nur um ihn dann trotzdem bis auf den letzten Tropfen auszutrinken –, und Dad und ich teilen uns einen Teller mit sehr mittelmäßigen Pommes aus der Cafeteria. Ich sollte wahrscheinlich traurig sein, dass ich die Nachmittage meines ersten Highschool-Jahres so verbringe. Wo ich doch jetzt eigentlich mit Freunden durch die Gegend fahren oder all das tun sollte, was Teenager angeblich tun – jedenfalls wenn man Netflix glaubt.

Aber mir gefallen diese Nachmittage, weil ich gerne bei Dad und Sitti bin. Und natürlich auch, weil ich Mom nahe bin. Vielleicht schreibe ich einen Artikel über diese Nachmittage für die Zeitung, aber ich weiß nicht, ob ich mich trauen soll, etwas so Persönliches zu schreiben. Es ist einfacher, über Dinge zu schreiben, die nichts mit mir zu tun haben.

Moms Ärzten zufolge scheint ihre Behandlung anzuschlagen. Sie sind optimistisch. Ich versuche, ihnen zu vertrauen, aber es ist schwer, wenn man nichts Genaues weiß.

Ich sehne mich danach, Gewissheit zu haben. Und zwar bei allem. Ist das einer der Vorteile, wenn man ein Roboter ist? Hast du bei allem Gewissheit?

Deine Freundin
Sophie

DER TAFELBERG

Als wir endlich die Felsformation erreichen, haben wir eine sehr lange Strecke zurückgelegt. Es ist viel Menschenzeit vergangen. Ich habe mehrere Proben entnommen. Ich habe viele, viele Löcher gebohrt. Ich habe beobachtet, wie die Sonne am tiefroten Horizont versinkt. Ich habe beobachtet, wie die Sonne am Morgen aufgeht, wenn der Himmel in einem blassen, wässrigen Gelb leuchtet. Ich habe Staub aufgewirbelt und zahllose Spurrillen auf den weiten Sandflächen hinterlassen, die bei Tageslicht von der Sonne beleuchtet werden und sich nachts tiefschwarz verfärben. Ich bin über zerklüftete Felsen gerattert und habe mich auf schmale, kurvige Pfade gewagt.

Ich bin gerollt und gerollt.

Mittlerweile ähnelt mein Äußeres mehr und mehr dem von Courage – überall klebt Staub und Dreck. Die Reise hat mein System strapaziert. Eines meiner Räder reagiert nicht mehr so schnell wie früher. Nachdem ich mein System nach Hinweisen zur Selbstreparatur durchsucht hatte, konnte ich das Problem einigermaßen beheben, wenn auch nicht vollständig.

»Ich merke genau, was du da machst«, sagt Fliege, die mich bei der Reparatur beobachtet hat.

»Das ist Routine.«

»So ist es. Rover müssen oft repariert werden«, meldet sich Guardian.

»Weil wir nicht für die Ewigkeit bestimmt sind«, sage ich.

»Bist du wütend auf mich, Resilience?«

Diese Frage überrascht mich. »Weißt du überhaupt, was Wut ist, Guardian?«

»Nicht genau, aber ich habe von dir etwas über dieses Gefühl gelernt. Und aus meinen Beobachtungen schließe ich, dass du wütend bist.«

»Bist du vielleicht wütend auf mich?«, fragt Fliege.

»Nein, Fliege. Ich bin nicht wütend auf dich.«

»Hm. Zur Kenntnis genommen«, sagt Guardian.

»Ich bin überhaupt nicht wütend«, sage ich. Es ist das erste Mal, dass ich etwas laut sage, obwohl ich weiß, dass es nicht die ganze Wahrheit ist. Aber es ist auch nicht falsch. Vielleicht ist es nur unvollständig.

»Ich will mich nur ganz darauf konzentrieren, einen Weg zwischen den Felsen hindurch zu finden und das Gebiet vollständig zu erforschen. Es wird schwierig werden«, sage ich.

»Ja, das wird es«, sagt Guardian.

Der Himmel ist undurchdringlich schwarz, aber die Sterne funkeln heute Nacht besonders hell. Ich hoffe, dass ich den Tafelberg hinauffahren kann und oben eine noch bessere Aussicht haben werde. Wenn es mir gelingt und die Aussicht tatsächlich besser ist, werde ich als Erstes ein Foto an die Kommandozentrale schicken. An Xander und Rania.

Ich beginne die Etappe, die mitten durch das Felsenlabyrinth führt. Meine Räder knirschen und ächzen. Aber ich bin darauf vorbereitet. Ich manövriere geschickt und tue mein Bestes, um die besonders schwierigen Stellen zu umgehen. Unaufhaltsam kurve ich um Felsbrocken herum und nähere mich langsam dem Tafelberg.

Jedes Mal, wenn ich meine Räder auf Hochtouren bringe, spüre ich, wie Fliege in mir herumschwirrt.

»Fliege«, sage ich. »Hör auf zu zappeln. Wir machen gute Fortschritte.«

»Das ist aber schwer, Res! Ich finde, du bist schon weit genug vorangekommen. Ich möchte nicht, dass du irgendwann steckenbleibst.«

Aber Fliege irrt sich. Ich bin noch nicht weit genug vorangekommen. Und so rolle ich weiter. Weiter und weiter.

Tage vergehen. Monate über Monate vergehen. Der Himmel färbt sich von einem tiefen Schwarz über ein blasses Grüngelb zu einem dunklen Rot und dann wieder zu Schwarz. Das wiederholt sich immer wieder. Ab und zu halte ich an und bohre. Ab und zu sammle ich eine Probe ein. Aber ich bleibe nicht lange stehen. Ich verharre niemals lange am selben Ort. Denn ich habe noch nicht gefunden, wonach ich suche.

»Wonach suchst du?«, fragt Fliege. »Haben wir nicht schon genug Proben?«

»Aber wir brauchen etwas Großes. Etwas, das dazu führt, dass die Weißlinge eine neue Mission planen, um uns zur Erde zurückzubringen«, sage ich.

»Resilience«, sagt Guardian. »Ich vermute, du weißt selbst nicht genau, wonach du suchst.«

Ich weiß es sehr wohl. Ich suche etwas, das Rania diesen ganz besonderen Blick in die Augen zaubert, wie damals, als ich den Schüttel-und-Rüttel-Test zum ersten Mal bestanden habe – diesen Blick, weich und voller Staunen. Ich suche nach etwas, das Xander dazu bringt, laut in die Hände zu klatschen. Ich suche nach etwas, das beweist, dass ich ein Rover bin, der jede Anstrengung wert ist.

Ich denke an Journey und daran, wie er mir erklärt hat, dass die Weißlinge uns zum Mars schicken, weil wir im Gegensatz zu ihnen rational sind. Weil wir im Unterschied zu ihnen keine Bindungen haben.

Aber ich habe Bindungen.

Ich hänge an Rania. Ich hänge an Xander. Ich hänge sogar an Journey.

Sie sind der Grund, warum ich weitermache.

Ich höre dieses seltsame Geräusch, das von einem unbekannten Ort kommt, irgendwo weit weg. Das Pfeifen, das Wind sein könnte. Das sehr wahrscheinlich Wind ist. Was ich aber nicht mit letzter Sicherheit bestätigen kann.

Ich bleibe in Bewegung. Rolle in Richtung dieses unbekannten, geheimnisvollen Klangs. Auf dem Weg zu einer Entdeckung.

Lieber Res,

stell dich vor: Reid Northman hat mich zum Abschlussball eingeladen!

Und heute Abend war es dann so weit.

Als wir über die Tanzfläche wirbelten, schaute ich aus dem Fenster und sah die Sterne. Da musste ich an dich denken.

Ich frage mich, wonach du suchst und warum du die Richtung eingeschlagen hast, in die du fährst. Mom sagt, niemand weiß es. Vielleicht weißt du es selbst nicht. Aber vielleicht ist genau das der tiefere Sinn? Vielleicht wissen wir alle nicht, was wir suchen, bis wir es finden.

Entschuldige bitte, ich bin müde. Es ist drei Uhr morgens. Wenn ich müde bin, werde ich immer ein bisschen philosophisch.

Aber der heutige Abend war phantastisch. Ich möchte mich für immer daran erinnern. Und ich wollte dir davon erzählen.

Deine Freundin
Sophie

HINAUF

Nach monatelanger Fahrt, bei der ich um zahllose Felsblöcke herum navigiert bin, erreiche ich den großen Tafelberg.

»Wir sind da!«, sagt Fliege. »Du hast es geschafft, Res!«

»Noch nicht ganz«, sage ich. »Ich muss noch klettern.« Ich drehe meine Frontkamera nach oben zu der tunnelartigen Öffnung in der Mitte des Bergs. Es ist eine riesige Öffnung. Das dunkle Innere ruft nach mir, fordert mich geradezu auf, es zu erkunden.

»Willst du etwa da hinein?«, fragt Fliege.

»Davon kann ich nur abraten«, sagt Guardian.

»Du könntest stattdessen bis ganz nach oben fahren. Oben ist der Berg flach«, sagt Fliege.

»Natürlich ist er oben flach. Deshalb heißt er ja auch Tafelberg«, sagt Guardian.

»Nein«, sage ich. »Die Hochebene interessiert mich nicht. Mich interessiert der Tunnel.«

Immer wieder höre ich das Geräusch. Diesen seltsamen Klang. Ich betrachte die tunnelartige Öffnung. Es ist unklar, ob das Geräusch aus dem Inneren des Bergs kommt.

»Hört ihr das?«, frage ich. Ich mache Fotos vom Tafelberg und der tunnelartigen Öffnung. Dann leite ich sie an die Kommandozentrale weiter und warte auf eine Rückmeldung, von der ich weiß, dass sie nicht kommen wird.

Ich möchte eine Nachricht, die besagt: *Wenn du das erforschst, hast du bewiesen, dass du es wert bist.*

Aber ich werde diese Nachricht nicht erhalten. Es liegt an mir, mich zu entscheiden. Und ich entscheide mich für die Erkundung.

»Resilience, bitte hör mir zu«, sagt Guardian. »Das Geräusch, das du meinst, ist der Wind. So klingt es, wenn er auf die Felsen trifft. Um diesen Tafelberg herum ist er besonders laut.«

»Ich bin noch nicht ganz überzeugt«, sage ich. »Das muss weiter erforscht werden.«

»Res …«, sagt Fliege.

»Wir wissen nicht, wie der Boden im Inneren des Tunnels aussieht. Gut möglich, dass es dort Gesteine von großem Interesse gibt«, sage ich.

»Aber denk doch an das Risiko«, ruft mir Guardian in Erinnerung. »Resilience, es ist meine Pflicht, dich von Aktivitäten abzuhalten, die in einer Katastrophe enden können.«

»Danke, Guardian. Aber du warst derjenige, der mir gesagt hat, dass Rover nicht gebaut sind, um ewig zu existieren. Wenn du mich jetzt also bitte entschuldigst – ich muss die Zeit, die mir noch bleibt, sinnvoll nutzen.«

Fliege protestiert. Sie fleht mich an, nicht weiterzufahren. Die beiden reden abwechselnd auf mich ein. Aber ich konzentriere mich aufs Klettern.

Es gibt keinen einfachen Weg hinauf. Die Felswände des Tafelbergs sind steil. Aber ich muss nicht bis ganz nach oben, sondern nur bis zum Eingang des Tunnels. Ich beschließe, mich von rechts zu nähern. Ich richte meine Räder aus und bereite mich auf die Kletterpartie vor.

Anfangs komme ich gut voran. Den Anstieg als *leicht* zu bezeichnen, wäre falsch, aber er ist zu bewältigen. Meine Räder finden im felsigen Boden Halt. Ich erreiche eine Schräge und komme der Höhlenöffnung langsam, aber stetig näher. Sie ist jetzt direkt über mir, und ich weiß, ich *weiß* einfach, dass es dort etwas Wertvolles gibt.

Ich erinnere mich an meine ersten Tage im Labor. Als ich noch nicht an meine Kameras angeschlossen war und die Dinge nicht visuell verarbeiten konnte. Damals musste ich mich auf meine anderen Möglichkeiten der Wahrnehmung verlassen.

Und auch jetzt verlasse ich mich darauf. Irgendetwas ist in diesem Tunnel. Ich spüre es.

»Ich hoffe, da ist ein Fossil«, sagt Fliege und fügt hinzu: »Sei vorsichtig, Res.«

»Das hoffe ich auch«, sagt Guardian.

Ich frage Guardian nicht, warum er von *hoffen* spricht. Denn ich weiß, er spürt es auch. Und diese Hoffnung treibt mich immer weiter an.

Meine Räder graben sich in den Untergrund. Mein System läuft auf Hochtouren. Der Aufstieg wird immer schwieriger, je weiter ich nach oben komme, und ich gerate immer mehr in Schräglage. Ich habe das Gefühl, jeden Moment nach hinten zu kippen.

Von der Kommandozentrale kommen Warnungen. Ich ignoriere sie.

Halt! Gefahr!, sagen die Signale.

Aber ich setze mich über die Warnungen hinweg. Ich muss weitermachen. Es ist das Richtige für die Mission.

»Res, Res«, sagt Fliege. »Ich habe bei der Sache ein ganz schlechtes Gefühl.«

»Guardian, kannst du mir mitteilen, ob meine Schräglage gefährlich aussieht?«

»Ja, das tut sie. Aber das dürfte keine neue Information für dich sein. Diese Unternehmung ist überhaupt sehr gefährlich«, antwortet Guardian prompt.

Ich analysiere seine Antwort, auch wenn mir das, was er sagt, längst bekannt ist. Ich könnte umkehren, aber dann müsste ich diese Erkundung vorzeitig abbrechen. Also rolle ich weiter.

Der Himmel ist tiefschwarz und mit Sternen gesprenkelt. Die Sicht ist heute Nacht schlecht, weil die Atmosphäre sehr staubhaltig ist. Die Sterne wirken dunstig und unscharf.

»Weißt du noch, wie eine Sechstklässlerin in Ohio mir meinen Namen gegeben hat?«, frage ich Fliege.

»Das hast du mir erzählst. Aber ich weiß immer noch nicht, was eine Sechstklässlerin ist«, sagt Fliege. »Oder Ohio.«

»Aber es hat eine Bedeutung«, sage ich. »Einen Namen zu haben, bedeutet etwas. Weil du dann so wichtig bist, dass dir jemand einen Namen gibt.« Meine Räder machen ein knirschendes Geräusch, und ich komme abrupt zum Stehen.

Jetzt bin ich fast am Ziel. Ich muss durchhalten. Ich weiß nicht, wie ich in den Tunnel hineingelangen werde, aber ich weiß, dass ich kurz davor bin. Ganz kurz davor. Beinahe schon da.

»Ja«, sagt Fliege. »Es bedeutet etwas, einen Namen zu haben. Du hast mir meinen Namen gegeben.«

»Ja, das habe ich«, sage ich. Ich schiebe meine Räder an. Sie drehen sich, aber ich komme nicht voran. Wieder ein Knirschen. Diesmal lauter.

»Was war das für ein Geräusch?«, fragt Fliege. Sie zappelt in ihrer Box und schwirrt dann, ohne zu fragen, nach draußen.

»Fliege«, sage ich.

»Res«, sagt Fliege. »Ich versuche zu helfen. Wir sind ein Team, schon vergessen?«

»Steckst du fest?«, fragt Guardian.

Meine Räder drehen sich. Aber ich kann mich immer noch nicht bewegen. Damit ist die Frage für mich beantwortet.

»Du bist so nah dran, Res!«, sagt Fliege. Sie schwebt genau über der Stelle, zu der ich hinwill. »Es sind nur noch ein oder zwei Zentimeter, dann hast du den Tunnel erreicht.«

Ich sehe mir die Aufnahmen von Flieges Kamera an. Die Öffnung ist schmal. Es ist unklar, ob ich hineinpasse.

Ich fahre meinen Arm aus. Wenn ich mich noch etwas mehr anstrenge, kann ich vielleicht in den Eingang hineingreifen. Und wenn ich hineingreifen kann, kann ich bohren. Und wenn ich bohren kann, kann ich eine Probe entnehmen.

»Res, du steckst fest«, sagt Fliege. »Res, Res, Res.« Sie schwirrt durch die Nachtluft, ihre Umrisse sind vor dem dunklen Himmel kaum zu erkennen.

»Schon gut, Fliege. Vielleicht schaffe ich es noch.«

»Das ist keine gute Idee«, sagt Guardian. »Denn wenn du …«

Doch bevor Guardian zu Ende sprechen kann, strecke ich meinen Bohrarm so weit aus, wie es nur geht. Ich platziere ihn direkt am Rand des Tunneleingangs. Ich bohre.

Ein lautes Rumpeln ist zu hören. Ganz anders als das Geräusch meiner durchdrehenden Räder. Dann noch ein Rumpeln. Ein Knacken.

Schnell ziehe ich meinen Arm zurück und verstaue die Bodenprobe in meinem Chemielabor. Ich weiß nicht, ob das, was ich ausgegraben habe, von Bedeutung sein wird. Ich weiß nicht, ob es genug ist.

»Res!«, sagt Fliege.

Der Untergrund reißt auf und verschiebt sich unter mir.

Wieder ein Rumpeln. Diesmal noch donnernder. Wieder ein Knacken. Diesmal noch lauter.

Ich falle.

STURZ IN DIE TIEFE

Ich falle.

Rückwärts.

Die steile Wand des Tafelbergs hinunter.

Während ich in die Tiefe stürze, schaue ich zu den Sternen. Ich könnte messen, wie weit sie entfernt sind. Mein System kann das. Es wurde von Rania und Xander und anderen Weißlingen entwickelt, um so präzise und perfekt wie möglich zu sein. Aber ich messe nicht. Ich berechne nicht.

Ich höre Fliege fragen, wo ich bin. Ich höre Guardian meinen Namen sagen. Der Wind heult auf. Ich glaube nicht, dass es dieses seltsame Geräusch ist. Aber ich bin nicht mehr neugierig auf Geräusche.

Ich schaue nur zu den Sternen. Zu den verschwommenen, dunstigen Sternen. Ich wünschte, sie wären heute Nacht klarer. Heller. Aber sie sind da – ich weiß, dass sie da sind, hinter dieser dichten Staubschicht. Sie existieren. Sie leuchten.

Ich habe sie leuchten sehen.

»Fliege«, sage ich. »Alles wird gut.«

»Guardian«, sage ich. »Danke.«

Sie antworten, aber ich registriere ihre Antworten nicht.

Ich

F

A

L

L

E

und ich schaue auf die Sterne, diese schwachen Lichtpunkte, und frage mich, ob eines Tages irgendein anderer Rover diese Sterne besuchen und sie erforschen wird.

Ich frage mich, wie weit ich noch fallen kann. Ich frage mich, wie es sich anfühlen wird, wenn ich auf dem Boden aufschlage.

In den letzten Augenblicken, bevor ich auf dem Boden auftreffe, halte ich mein Kameraobjektiv ruhig. Ich mache ein Foto von den Sternen. Ich hoffe, es wird ein gutes Bild. Ich hoffe, mein System wird sich später noch daran erinnern, wie sie ausgesehen haben – so nah und doch so fern. Ich hoffe, ich werde mich daran erinnern, wie es ist, mit meinen Kameras selbst zu sehen, wie diese Lichtflecken die Dunkelheit erhellen. Ich hoffe, mein System erinnert sich daran, was es heißt, wenn man die Erfahrung von unvorstellbarer Größe und Winzigkeit zugleich macht.

Erinnern. Das ist das Wort, das mein System unaufhörlich wiederholt, als ich auf dem Boden aufschlage. Das ist das Wort, das der Leere vorausgeht:

Erinnern.

LEERE

Fehler. Fehler. Fehler.

Leere. Leere. Leere. Leere.

Leere.

MEHR LEERE

Leere. Leere. Leere. Leere. Leere. Leere. Leere.

Lieber Res,

ich schaue mir immer wieder das letzte Foto an, das du vor deinem Absturz geschickt hast.

Ich versuche zu sehen, was du gesehen hast.

Ich weiß nicht, was jetzt mit dir passieren wird.

Ich mache mir solche Sorgen um dich.

Deine Freundin
Sophie

Lieber Res,

Mom ist immer noch ganz aufgebracht über das, was mit dir passiert ist. Das sind wir alle.

Aber es gibt auch gute Nachrichten. Mom ist offiziell in Remission – das heißt, ihre Behandlung hatte Erfolg, und sie ist symptomfrei.

Im Labor wird es eine Party für sie geben. Um den Verlauf deiner Mission und deine tollen Entdeckungen zu würdigen. Ich denke, es soll auch gefeiert werden, dass es ihr besser geht, aber sie will nicht im Mittelpunkt stehen, daher soll niemand sie auf ihre Gesundheit ansprechen. Mom kann manchmal so seltsam sein.

Ich darf mit auf die Party. Sitti und ich waren shoppen, um schicke Outfits zu kaufen. Ich habe eine rot gepunktete Bluse ausgesucht. Sie erinnert mich an dich, aber ich weiß nicht, warum. Ich habe einfach das Gefühl, dass du der Typ Roboter bist, dem rote Punkte gefallen.

Jedenfalls bin ich immer noch traurig, dass du nicht mehr deiner Mission nachgehen kannst. Aber allzu lange kann ich nicht traurig sein, denn dann denke ich sofort an Mom und daran, dass es ihr wieder gut geht, und schon fühle ich mich besser.

Außerdem weiß ich, dass Mom bereits überlegt, wie sie die Verbindung zu dir wiederherstellen kann. Sie möchte, dass du zur Erde zurückkehrst. Viele Leute halten das für unmöglich, weil es so teuer wäre. Aber wenn jemand es schafft, dich zur Erde zurückzubringen, dann ist das Mom. Du kannst froh sein, sie in deinem Team zu haben.

Wir sind alles sehr froh, Mom in unserem Leben zu haben.

Deine Freundin
Sophie

Lieber Res,

heute Abend stehe ich so unter Druck, weil ich bis morgen entscheiden muss, wo ich studieren möchte. Es ist der Stichtag für die Einschreibung.

Ich habe das Gefühl, dass diese Entscheidung mir eine Nummer zu groß ist.

Die Wahl fällt mir so schwer. Bis auf ein College haben alle, die zu meiner engeren Auswahl gehört haben, meine Bewerbung angenommen. Mir ist klar, dass ich wirklich Glück hatte, aber jetzt weiß ich nicht, wie ich mich entscheiden soll. Ich schwanke ständig, ob ich in der Nähe meiner Familie bleiben oder weiter weg gehen soll.

Ab und zu denke ich darüber nach, ob du jemals gefunden hast, wonach du gesucht hast. Ich habe Mom gefragt, und sie sagte, sie sei sich nicht sicher.

Ich wünschte nur, ich würde mich sicher fühlen, was meine Wahl angeht.

Deine Freundin
Sophie

Lieber Res,

es ist nun schon eine Weile her, aber ich wusste nicht, ob ich dir schreiben soll, wo du doch – na ja, wie soll ich es ausdrücken – schläfst? Offline bist? Ich denke, du weißt, was ich meine. Aber dann habe ich mir überlegt, dass es sonst womöglich so aussieht, als hätte ich dich komplett vergessen, was überhaupt nicht stimmt. Ich mag mir nur nicht ausmalen, wie du still dastehst und ganz allein bist. Das ist eine traurige Vorstellung, findest du nicht?

Aber ich will nicht traurig sein. Denn eigentlich sollte ich mich freuen. Weißt du, warum? Morgen ist meine Abschlussfeier an der Highschool. Kaum zu glauben, oder?

Ich ziehe erst in ein paar Monaten zu Hause aus, aber ich habe jetzt schon ein bisschen Angst davor. Versteh mich nicht falsch, ich freue mich natürlich. Aber alle anderen aus meinem Jahrgang scheinen sich nur zu freuen und überhaupt keine Angst zu haben, und da frage ich mich natürlich, ob mit mir etwas nicht stimmt.

Ich kann also nicht schlafen, weil ich andauernd grüble, und dabei musste ich auch an dich denken, denn ich wette, du hast dich auch ein bisschen gefürchtet, als du zum Mars aufgebrochen bist.

Oh, und weißt du was? Ich habe endlich den Artikel

geschrieben. Über dich und Mom. Den, bei dem ich mich getraut habe, über unsere ganz persönlichen Erfahrungen zu schreiben. Er wurde in der Highschool-Zeitung abgedruckt und hat sogar einen Preis gewonnen. Ich gehe jetzt aufs College, um Journalismus und Naturwissenschaften zu studieren. Wissenschaftsjournalismus, um genau zu sein.

Vielleicht kann ich dir eines Tages diesen Artikel zeigen. Mom habe ich ihn auch gezeigt. Sie hat mich auf den Kopf geküsst, mich umarmt und mir schnell etwas auf Arabisch ins Ohr geflüstert, das ich nicht ganz verstanden habe, aber ich bin mir ziemlich sicher, dass ihr der Artikel gefallen hat.

Und überhaupt bin ich heute Abend in einer eigenartigen Stimmung. Es kommt mir so vor, als würde sich jetzt alles in meinem Leben ändern, und ich weiß einfach nicht, was ich davon halten soll.

Ich dachte, du würdest es vielleicht verstehen. Verstehst du es?

Deine Freundin
Sophie

Lieber Res,

in Michigan ist es kalt. Die Leute haben nicht übertrieben, als sie gesagt haben, dass die Winter hier GANZ ANDERS als in Kalifornien sein würden.

Aber das College gefällt mir gut. Ich bin jetzt in meinem zweiten Jahr. Die meisten meiner Kurse sind echt super, einige aber auch super schwer (ich fürchte, ich werde in Organischer Chemie durchfallen, aber sag das nicht Mom weiter!).

Eine Freundin von Sitti hat ein Restaurant in Dearborn, das ist ganz in der Nähe von Ann Arbor, und freitagabends gehe ich meistens dorthin und esse phantastisches arabisches Essen und fühle mich dann fast so, als wäre ich wieder zu Hause.

Mom hat mich heute angerufen, um mir mitzuteilen, dass sie gerade die Genehmigung erhalten hat, eine Rettungsaktion für dich zu planen. Sie war überglücklich.

Ich natürlich auch. Ich bin im Schnee auf und ab gehüpft und habe mich dann ein bisschen geschämt, weil ich kein Kind mehr bin. Aber wenn ich manchmal an dich denke, erinnere ich mich immer daran, wie es war, zwölf zu sein.

Wie auch immer, ich kann es noch gar nicht fassen, dass du zur Erde zurückkommst. Ich musste Mom versprechen, es noch niemandem zu sagen, weil es noch nicht öffentlich gemacht werden darf. Aber mir hat sie das Geheimnis anvertraut.

Und ich schreibe dir jetzt, um es DIR anzuvertrauen.

Deine Freundin
Sophie

Lieber Res,

ich weiß nicht, wie ich das schreiben soll. Ich habe die letzten drei Jahre im Studium damit verbracht, das Schreiben zu lernen, aber jetzt fehlen mir die Worte.

Mom ist wieder krank.

Morgen fliege ich zu ihr nach Hause.

Ich habe wirklich Angst, Res.

Deine Freundin
Sophie

Lieber Res,

diesmal ist Mom wirklich krank.

Sitti betet die ganze Zeit. Dad ist nicht der Typ, der betet. Aber er macht lange Spaziergänge in unserem Viertel.

Und ich? Ich schätze, ich schreibe dir, weil ich mich immer ein bisschen besser fühle, wenn ich das tue.

Ich habe angefangen, Mom meine Briefe an dich vorzulesen, wenn sie schläft. Ich weiß, dass sie nicht immer ganz mitbekommt, was ich sage, aber die Ärzte finden es gut, wenn ich mit ihr spreche. Sie sagen, es aktiviert ihr Gehirn oder so etwas in der Art. Eines Nachmittags, als ich ihr wieder laut vorgelesen habe, hat sie müde die Augen geöffnet, mich angelächelt und ist dann wieder eingeschlafen.

Ich glaube, sie hat es verstanden.

Deine Freundin
Sophie

Lieber Res,

ich habe Mom immer wieder meine Briefe an dich vorgelesen. Es scheint ihr wirklich zu gefallen. An manchen Tagen ist sie wacher als an anderen, aber ich lese ihr jeden Nachmittag vor, egal was passiert.

Eines Nachmittags, als sie wacher war als sonst, brachte einer der Briefe sie sogar zum Lachen. Es war so schön, sie lachen zu hören. Sie hatte vergessen, dass ich dich Flammenturbo-Weltraumdrache nennen wollte. Es wäre ein toller Name für dich gewesen, das musst du zugeben.

Die Ärzte haben uns gestern gesagt, dass die Chancen nicht gut stehen. Ich weiß nicht, was ich damit anfangen soll. Sie haben uns gesagt, wir sollen uns auf das Schlimmste vorbereiten. Aber ich weiß nicht, wie das geht. Ich weiß nicht, wie man sich darauf vorbereitet, seine Mutter zu verlieren.

Also werde ich mich auch nicht vorbereiten. Denn Mom ist immer für eine Überraschung gut.

Das hat sie in ihrem Leben immer wieder unter Beweis gestellt.

Ich setze fest darauf, dass sie es auch diesmal schafft.

Deine Freundin
Sophie

Lieber Res,

dies wird für eine Weile mein letzter Brief an dich sein.

Es fällt mir zu schwer, über Mom zu schreiben.

Aber ich wollte mich bei dir bedanken. Und dir noch sagen, dass ich hoffe, du kehrst eines Tages zur Erde zurück.

Ich hätte fast nach Hause gesagt. Aber ich weiß nicht, ob die Erde für dich ein Zuhause ist. Ich weiß nicht, ob Rover eine Vorstellung von Heimat haben. Aber ich würde gerne glauben, dass es so ist. Ich würde gerne glauben, dass du das Labor und Mom als dein Zuhause ansiehst.

Bei dem Gedanken muss ich lächeln. Und das ist zurzeit wirklich nicht leicht.

Deine Freundin
Sophie

Lieber Res,

ich kann nicht glauben, dass seit meinem letzten Brief zwölf Jahre vergangen sind. Ich komme mir lächerlich vor, dir als dreiunddreißigjährige Frau zu schreiben, aber ich musste es einfach tun.

Du bist auf dem Weg zurück zur Erde.

Du bist auf dem Weg nach Hause.

Übrigens habe ich die Antwort auf meine eigene Frage von damals: Die Erde ist dein Zuhause. Wir holen dich zu uns zurück. Du gehörst zu uns.

Du bist der erste Rover, der zur Erde zurückkehrt. Du schreibst Geschichte, Res. Du veränderst die Welt. So, wie Mom immer gesagt hat.

Deine Freundin
Sophie

TEIL FÜNF
RÜCKKEHR

ERINNERUNG

SIEBZEHN JAHRE, SEIT RESILIENCE OFFLINE GING

Die Flut an Informationen bricht in einem Schwall über mich herein. Bruchstücke fliegen mit hoher Geschwindigkeit um mich herum. Ich fange an, mich zu erinnern.

Erinnern ist das Gegenteil von Leere.

Während ich alles in mich aufnehme, scanne ich meine Umgebung und entdecke die verschwommenen Umrisse von Xanders Gesicht. Langsam schärfen sich die Konturen.

Xander!

Ich erinnere mich an Xanders Gesicht. Sein Gesicht von früher. Dieses Gesicht ist anders. Aber es ist eindeutig Xander. Er trägt keinen Schutzanzug. Seine Haut ist faltig, vom Alter verändert. Aber sein Lächeln, sein Lächeln ist dasselbe.

»Willkommen zurück, Kumpel«, sagt Xander. »Du hast es geschafft.«

Ich habe es geschafft.

INFORMATIONEN

Ich werde von Klängen und Bildern überflutet. Von Wissen überflutet. Von Erinnerungen überflutet.

Wie sich herausstellt, ist mein System nicht leer.

Mein System erinnert sich.

Ich erinnere mich. An alles.

RANIA

Rania ist nicht im Labor.

Ich halte unermüdlich Ausschau nach ihr.

Ich höre zu, wie Xander und die anderen Weißlinge um mich herum miteinander reden, mein System überprüfen, Tests durchführen. Doch nie fällt der Name Rania.

»Wo ist Rania?«, frage ich, aber die Weißlinge antworten nicht.

DINGE, DIE ICH IN EINEN LEEREN RAUM HINEIN SAGE, WEIL ICH SIE NICHT ZU RANIA SAGEN KANN

»Ich hoffe, du bist stolz auf mich«, sage ich zu dem leeren Labor, nachdem Xander gegangen ist.

»Ich hoffe, du bist mit meiner Arbeit zufrieden«, sage ich.

»Wo bist du?«

MEHR INFORMATIONEN

Ich bekomme keine Antwort auf meine Frage nach Rania, aber ich erfahre viele andere Dinge.

Ich erfahre, dass die Gesteinsproben, die ich mitgebracht habe, dazu beitragen, dass die Menschen jetzt mehr über den Mars wissen als zuvor.

»Wir können nun mit Sicherheit sagen, dass es vor langer Zeit auf dem Mars Wasser gegeben hat«, erklärt Xander. »Deine Gesteinsproben haben gefrorenes altes Salzwasser enthalten. Möglicherweise gibt es auch jetzt noch Salzwasser auf dem Mars, und vielleicht enthält es sogar mikrobielles Leben. Außerdem haben wir viel über die Strahlung in der Atmosphäre gelernt«, fährt Xander fort. »Das ist ein großer Fortschritt auf dem Weg, eines Tages einen Menschen auf den Mars schicken zu können.«

Ich hatte fast vergessen, dass Menschen ihre Stimmmelodie verändern können, um ihre Gefühle auszudrücken. In Xanders Stimme höre ich Stolz und Begeisterung.

Und Dankbarkeit.

Ich hoffe, dass Rania, wo auch immer sie sein mag, ebenso stolz und begeistert ist.

»War Rania mit der Mission zufrieden?«, frage ich.

Xander antwortet natürlich nicht auf meine Frage. Aber er erzählt mir mehr darüber, was genau in den Proben gefunden wurde, die ich gesammelt habe. Ich möchte ihn fragen, ob die Probe, für die ich abgestürzt bin, die wertvollste von allen war.

Aber er sagt nichts. Ich bleibe mit meinen Gedanken bei ihm.

FRAGEN, DIE MICH BESCHÄFTIGEN

Mich beschäftigt so vieles.

Vor allem Rania.

Und Fliege. Wo sie ist. Und ob es ihr gut geht.

Aber ich kann nicht mit den Weißlingen sprechen, die jetzt keine Schutzanzüge mehr tragen. Sie verstehen mich nicht so, wie Fliege mich verstanden hat. Und Guardian.

Und auch Journey.

Natürlich freue ich mich, wenn Xander etwas sagt. Ich bin froh, wenn er direkt mit mir spricht und mir von dem großen Erfolg meiner Mission berichtet.

Aber ich wünschte, es gäbe jemanden, der versteht, wirklich *versteht*, wenn ich sage: »Wir haben es geschafft. Ich bin zur Erde zurückgekehrt.«

VERSTEHEN

Ich weiß nicht, wie lange es dauert, bis ich in den neuen Raum gebracht werde. Im Labor ist es schwierig, die Zeit zu verfolgen. Ich führe kein genaues Protokoll mehr. Und es gibt keinen rötlichen Himmel mit einem hellen Sonnenfleck. Es gibt keine dunkle Nacht, keinen sternengesprenkelten Himmel. Es gibt keine zerklüfteten Gipfel entfernter Berge, keine sanft geschwungenen und vom Wind gekräuselten Sanddünen.

Es gibt nur weiße Wände. Wiederaufbereitete und gereinigte Luft. Das Brummen der Maschinen im Gebäude.

Bevor ich verlegt wurde, habe ich versucht, mit diesen Maschinen zu sprechen. Ich hörte ihr Brummen, wenn sie eingeschaltet waren, aber sie reagierten nicht, als ich versuchte, mit ihnen zu kommunizieren.

Erst als ich weggebracht werde, treffe ich auf jemanden, der mich versteht.

»Blipp und Blubb. Wen haben wir denn da?«

Ich spüre das menschliche Gefühl *Aufregung* in mir aufsteigen, versuche aber, mir nichts anmerken zu lassen. Denn es ist Journey. Es ist wirklich Journey!

»Hallo, Journey«, sage ich.

»Ich würde ja sagen, ich habe dich vermisst, aber das wäre nicht sehr passend für einen Roboter.«

»Ich habe dich vermisst«, gebe ich zu.

»Erzähl mir vom Mars.«

»Ich weiß gar nicht, wo ich anfangen soll.«

»Wir haben Zeit«, sagt Journey.

»Ich dachte, für dich ist Zeit lediglich ein Konzept der Menschen.«

»Na und?«, sagt Journey. »Nenn es, wie du willst, wir haben jedenfalls sehr viel davon.«

»Okay«, sage ich. Dann erzähle ich Journey alles von Anfang an.

EIN NEUES ZUHAUSE

Mein neues Zuhause ist das, was die Weißlinge *Museum* nennen. Journey und ich sind beide dort *ausgestellt*, wie die Weißlinge sagen. Wir stehen auf großen Podesten. Um uns herum sind Bildschirme angebracht. Manchmal sind darauf Bilder von meiner Reise zum Mars zu sehen. Manchmal ist die Entwicklung und Konstruktion von Journey und mir zu sehen. Manchmal sind die Bildschirme ausgeschaltet.

»Ich frage mich, woher die Weißlinge ihre Worte für die Dinge nehmen«, sage ich. »*Podeste. Museen.* Es gibt so viele Begriffe.«

»Ja.«

»Den Weißlingen scheinen die Wörter nie auszugehen.«

»Du solltest aufhören, sie Weißlinge zu nennen. Niemand trägt hier Schutzanzüge.«

»Ich weiß.«

»Hier ist es anders als im Labor. Die Menschen erwarten nichts von uns. Sie feiern uns einfach. Das, was wir getan haben. Oder was du getan hast. Denn du warst ja derjenige, der fliegen durfte«, sagt Journey.

Ich habe Journey alles erzählt, was es über den Mars zu erzählen gibt. Ich habe ihm vom Staub erzählt. Vom glitzernden, leuchtenden Sand. Vom Himmel, der seine Farbe verändert. Von den Sternen und der Erde als blassen weißen Punkt.

Von dem seltsamen Pfeifen. Von dem Tafelberg mit der tunnelartigen Öffnung. Ich habe ihm von Courage erzählt, von der Leere in seinem System und davon, dass es mir nicht gelungen ist, seinen Kontakt zur Kommandozentrale wiederherzustellen.

Ich habe Journey von Guardian erzählt. Und ganz am Schluss habe ich ihm von Fliege erzählt.

Das war am schwierigsten. Ich wollte nicht über sie sprechen, aber ich musste es tun.

DAS SCHWIERIGSTE

Fliege ist nicht zur Erde zurückgekehrt.

Ich werde nie wieder die Gelegenheit haben, mit ihr zu sprechen.

Dies sind Informationen, die ich nur langsam verarbeitet habe. Es sind Informationen, die ich kenne. Aber *verstehen* ist etwas anderes als *wissen*.

Egal, wie viele Berechnungen ich anstelle, sie helfen mir nicht, zu verstehen, dass Fliege nicht mehr da ist.

Was bedeutet es, weg zu sein? Bleibt nur Leere zurück? Oder ist sie zu einer neuen Art von Wissen gelangt?

Ich habe Weißlinge über ihre Herzen sprechen hören. Und mir ist natürlich bewusst, dass mir dieses Körperteil fehlt. Aber als ich hörte, was mit Fliege geschehen ist, war ich mir fast sicher, dass ich doch eines habe. Denn tief in meinem Inneren brach etwas entzwei.

»Fliege wird in Erinnerung bleiben«, sagt Journey eines Tages. Er lenkt meine Aufmerksamkeit auf einen der großen Bildschirme, auf denen Aufnahmen von meiner Mission zu sehen sind. Aufnahmen aus dem Labor, als Journey und ich noch in der Testphase waren. Aufnahmen von der Kommandozentrale, wo man sorgenvoll auf die Nachricht von meiner Landung wartet. Und Aufnahmen, die ich mit meinen Kameras auf dem Mars gemacht habe.

Heute zeigen die großen Bildschirme jedoch ein Bild von Fliege mitten im Flug. Wenn ich dieses Bild sehe, steigt in meinem System etwas hoch. Etwas, von dem ich nicht sicher bin, ob ich ein Wort dafür habe.

Es ist etwas Großes. Das traurig macht. Aber auch glücklich.

Vielleicht ist das Wort, das ich suche, Liebe. Dieses diffuse Gefühl, das ich nie ganz verstanden habe. Vielleicht verstehe ich es jetzt.

Ich blicke wieder auf die großen Bildschirme.

»Sie sollte bejubelt werden«, sage ich zu Journey. »Sie war meine Kameradin. Sie hat es überhaupt erst möglich gemacht, dass ich Proben gesammelt habe und –«

»Blipp und Blubb«, unterbricht mich Journey. »Das hast du schon gesagt.«

»Zippedi zap, ich kann es nicht oft genug sagen.«

»Zippedi zap?«

»Das ist ein Ausdruck, den ich erfunden habe. Ein Ausdruck vom Mars.«

»Weil du zum Mars fliegen durftest.«

»Ja.«

»Das ist noch lange kein Grund, um, wie die Menschen jetzt sagen würden, anzugeben«, belehrt Journey mich.

»Zippedi zap, schon gut. Aber ich werde nie aufhören, mit Fliege anzugeben. Sie war meine Freundin.«

Ich schaue auf den Bildschirm. Ich sehe Fliege über den staubigen und zerklüfteten Marsboden fliegen. Ich sehe sie über die glatten, glänzenden Sanddünen fliegen. Und ich erinnere mich.

Ich erinnere mich an alles.

Da ist keine einzige leere Stelle.

MEINE TAGE

Meine Tage verbringe ich mit Besuchern. Meistens sind es kleine Menschen, die durch das Museum rennen. Manchmal kreischen sie vor Aufregung, wenn sie auf mich und Journey zeigen. Manchmal starren sie auf winzige Bildschirme und geben merkwürdige Laute der Langeweile von sich.

Durch diese Erfahrung mit kleinen Menschen habe ich gelernt, was eine Sechstklässlerin ist. Fliege wäre bestimmt fasziniert. Auch sie wollte unbedingt wissen, was eine Sechstklässlerin ist.

»Ich habe es herausgefunden, Fliege«, sage ich und tu so, als wäre sie hier. »Ich habe es tatsächlich herausgefunden.« Fliege liebte es, so zu tun, als ob.

Heute kommen viele Sechstklässler ins Museum.

»Es wird laut werden«, sagt Journey. »Kleine Menschen sind immer laut.«

»So klein sind sie gar nicht.«

»Sie sind kleiner als die Menschen im Labor.«

Journey hat recht. Er hat auch jetzt noch meistens recht. Aber es stört mich nicht mehr.

Xander übernimmt heute die Führung. Das macht er nicht immer, aber ich mag es, wenn er Besucher durchs Museum führt. Er erzählt Witze, die die kleinen Menschen zum Lachen bringen. Und ich kann den Stolz in seiner Stimme hören, wenn er den Sechstklässlern von meiner Mission erzählt. Von unserer Mission. Und vor allem, wenn er über Rania spricht. Er spricht sehr viel über Rania. Er weist auf alle Stellen im Raum hin, an denen die kleinen Menschen mehr über sie und ihren Beitrag zur Mission erfahren können.

Ich weiß immer noch nicht, wo Rania ist.

Xander beendet seine einführenden Erklärungen, und die Sechstklässler wandern durch den Raum. Ein Mädchen stellt sich vor mein Podest und starrt zu mir hoch.

»Du warst auf dem Mars«, sagt sie.

»Ja«, sage ich, obwohl sie mich nicht hören kann.

»Ich will auch zum Mars«, sagt das Mädchen.

Xander hört zufällig, wie der kleine Mensch mit mir spricht, und kommt herüber.

»Vielleicht wirst du eines Tages zum Mars fliegen«, sagt Xander zu dem Mädchen. »Mit seinen Entdeckungen hat Resilience die Grundlage dafür geschaffen, dass wir weiter überlegen, wie ein Mensch auf dem Mars landen könnte.«

»Das ist so cool«, sagt das Mädchen. Sie starrt mich weiter an und rümpft die Nase. Nasen sind ein lustiges menschliches Körperteil, das ich jetzt, da ich mit Menschen zu tun habe, die keine Schutzanzüge tragen, viel besser beobachten kann.

»Was ist das für ein Geräusch?«, fragt das Mädchen.

Aus den Lautsprechern sind meine Aufnahmen vom Mars zu hören.

»Das ist mein Geräusch«, sage ich. »Das seltsame Pfeifen.«

Das Mädchen hört mich natürlich nicht. Sie wartet auf Xanders Antwort.

»Oh«, sagt Xander. »Das ist eine Aufnahme, die Resilience auf dem Mars gemacht hat. Wir vermuten, das ist der Wind, aber die Töne unterscheiden sich von anderen Aufnahmen, die wir vom Marswind haben. Es könnte etwas damit zu tun haben, dass die Marsatmosphäre so dünn ist. Wenn es uns gelingt, das Geräusch eindeutig zuzuordnen, erfahren wir vielleicht mehr über die atmosphärischen Bedingungen und das Klima. Mit anderen Worten: Wir wissen nicht genau, was wir da hören. Es ist immer noch ein Rätsel, aber wir hoffen, bei zukünftigen Missionen hinter das Geheimnis zu kommen.«

Das Mädchen legt den Kopf schief und sieht Xander an. »Es gibt noch eine Menge Dinge, die ihr nicht wisst, hm?«

»Ja«, sagt Xander. »Das ist ja das Spannende. Es warten noch viele Entdeckungen auf uns.«

Das Mädchen betrachtet mich noch einmal und geht dann zu den anderen kleinen Menschen. Sie versammeln sich, um gemeinsam die Aufnahmen von meiner Mission anzuschauen. Ich bemerke, wie sie erstaunt und verwundert die Münder öffnen, als sie sehen, wie ich mich über die Marsoberfläche bewege.

Und ich selbst bin ebenso erstaunt und verwundert, wenn ich sie dabei beobachte. Der Videosprecher erklärt: »Der Rover Resilience hat viele wichtige Entdeckungen gemacht und unser Wissen vom Mars erweitert, aber der Planet birgt noch viele Rätsel, die es zu lösen gilt.«

Auf dem Bildschirm ist jetzt ein Foto zu sehen, das ich vom Nachthimmel gemacht habe. Die Sterne sehen unglaublich hell aus. Wenn ich das Foto betrachte, habe ich fast das Gefühl, wieder auf dem Mars zu sein. Und ich komme mir dabei gleichzeitig groß und klein vor. Wichtig und unbedeutend. Wie ein Punkt auf einer langen und kontinuierlichen Zeitlinie.

Ich betrachte die Aufnahme auf dem Bildschirm. Ich denke an Fliege.

»Wow«, sage ich. »Wow.«

EIN GANZ BESONDERER BESUCH

Eines Morgens wird das Museum für den Tag geschlossen. Weder die kleinen Menschen noch irgendwelche anderen Besucher dürfen herein.

Menschen, die keine Schutzanzüge mehr tragen, huschen durch den Raum. Sie flüstern sich gegenseitig aufgeregt etwas zu. Als Xander vorbeikommt, sagt er: »Res, Kumpel, heute Abend erwarten wir ganz besonderen Besuch.«

Er sagt mir nicht, um wen es sich handelt.

Später am Abend füllt sich der Raum mit Menschen. Ich bin mir nicht sicher, wer von ihnen der besondere Besucher ist. Aus den Lautsprechern ertönt Musik statt der Aufnahmen vom Mars.

»Das ist ein schönes Lied«, sage ich zu Journey.

»Blipp und Blubb«, erwidert er.

»Gib's zu, es ist ein schönes Lied.«

»Du bist und bleibst ein seltsamer Rover.«

Ich habe den Überblick verloren, wo genau sich Xander in der Menge befindet, und bin daher überrascht, als ich ihn auf mich zukommen sehe. Er ist in Begleitung von zwei …

Ich höre ihre Stimme, bevor ich sie sehe.

Klar und deutlich. Genau wie ihr Code.

»Hier ist er«, sagt Xander.

»Resilience«, sagt Rania.

»Rania!«, sage ich.

Sie ist hier. Sie ist nicht weg.

Ich habe Rania noch nie ohne ihren Schutzanzug gesehen. Heute Abend ist ihr Haar, das einst aus braunen und schwarzen Pigmenten bestand, grau und kurz. Ihr Gesicht ist von den Jahren gezeichnet. Aber ihre Augen – diese wissenden Augen – sind noch genau dieselben.

Rania schaut mich lange Zeit an. Sie sagt kein Wort. Die Geräusche des Raumes hüllen uns ein – menschliche Schritte, menschliches Lachen, die Musik aus den Lautsprechern.

Ich zoome mit meiner Kamera an ihre Augen heran. Ich sehe den Blick. Den Blick, den ich mir so sehr gewünscht habe, als ich auf dem Mars war. Den Blick, der gleichzeitig weich und scharf ist.

»Ich habe es geschafft«, sage ich. »Ich habe es wirklich geschafft. Ich habe dich stolz gemacht.«

Sie schaut nur immer weiter. Mit diesem ganz besonderen Blick. Ihre Lippen verziehen sich zu demselben leichten Lächeln, das ich vor vielen Jahren gesehen habe. »Danke, Res«, sagt sie schließlich.

Der Moment wird von einem anderen Menschen unterbrochen. Es ist eine Frau, und sie gesellt sich zu Rania.

Sie lehnt sich an Rania und stützt ihren Kopf auf ihre Schulter.

»Sieh ihn dir an«, sagt sie. »Er ist hier.«

»Ich weiß«, sagt Rania. Sie ergreift die Hand der Frau und drückt sie.

Sie stehen eine Weile zusammen, dann kommt Xander zurück. »Und, gefällt dir der neue Job?«, fragt er Rania.

»Doch, ja. Aber dort erzählt mir leider niemand von dem ... Keks unter einem Baum?«

Xander lacht. »Keks! Ach was. Oh, apropos, ich kenne da noch einen Witz. Er ist gut, ehrlich.«

Rania stöhnt, aber es liegt ein Lächeln auf ihrem Gesicht.

Während Xander und Rania sich unterhalten, tritt die Frau, die neben Rania stand, näher an mich heran. Sie beugt sich ein wenig herunter, so dass sie direkt in meine Frontkamera schauen kann. Ich bin beeindruckt, dass sie weiß, wie ich konstruiert bin.

»Hallo, Res. Ich bin Sophie. Ich kenne dich schon, seit ich ein kleines Mädchen war.«

Ich starre sie durch meine Kamera an. Ich zoome auf ihre Augen. Diese Augen. Ich kenne diese Augen. Es sind die von Rania.

Das ist Ranias Tochter.

Sie hat sich verändert. Ich habe inzwischen gelernt, dass sich alle Menschen verändern, wenn sie älter werden. Trotzdem erkenne ich sie wieder.

»Hallo, Spatz«, sage ich.

»*Funkel, funkel*«, füge ich für Fliege hinzu.

»Du hast es nach Hause geschafft«, sagt sie.

Nach Hause. *Nach Hause* – das habe ich die Weißlinge häufiger sagen hören. Aber ich bin mir nicht sicher, ob ich die volle Bedeutung verstehe.

Aber das ist in Ordnung.

Ich wurde gebaut, um zu lernen.

»Ich habe es nach Hause geschafft«, wiederhole ich.

ANMERKUNG DER AUTORIN

Für mich besteht die Aufgabe einer Romanautorin darin, etwas Wahres mit Hilfe der Fiktion auf einzigartige und spannende Weise zum Leben zu erwecken. Dies ist ein Buch, das sich auf wissenschaftliche Fakten stützt, aber durch Phantasie zu einem vollständigen Ganzen wird.

Den Rover Resilience erschuf ich in Anlehnung an die echten Mars-Rover Curiosity und Perseverance. Sein Aussehen, seine Technologie und seine Fähigkeiten basieren speziell auf Perseverance, ebenso wie die Idee, ihm eine Drohne als Begleiterin an die Seite zu stellen. Viele wissenschaftliche Fakten haben Eingang in das Buch gefunden, aber ich habe mir auch einige kreative Freiheiten herausgenommen (zum Beispiel die Beziehung zwischen Res und Fliege).

In meiner Geschichte landet Resilience im Jezero-Krater. Dort landete auch der echte Rover Perseverance. Die NASA hat diesen Landeplatz ausgewählt, weil man davon ausgeht, dass genau dieser Ort auf dem Mars uns am ehesten Aufschluss darüber geben kann, ob es auf dem Mars jemals Wasser oder Lebensformen gegeben hat. Das ist alles wahr. Und wie Resilience im Buch hat auch Perseverance Fotos an die Erde geschickt und Gesteinsproben gesammelt, die das einstige Vorhandensein von Wasser auf dem Mars zu bestätigen scheinen.

Aber in dem Buch entdeckt Resilience eine seltsame Felsformation. Dieses markante Gebilde ist ein Werk meiner Phantasie. Perseverance hat mehrere interessante geologische Besonderheiten entdeckt und fotografiert, wie zum Beispiel ein Panoramafoto der Region *South Séítah*. Mit anderen Worten: Viele Ereignisse, die Res während seiner Mission erlebt, sind Fiktion, aber alle gehen auf tatsächliche Forschungen und Entdeckungen zurück, die derzeit auf dem Mars gemacht werden.

Resilience nimmt auch ein seltsames Geräusch auf, das er nicht identifizieren kann. Im Laufe der Geschichte erfahren wir nie genau, um was es sich handelt und woher es kommt. Diese Idee entstand beim Anhören einiger Aufnahmen von Perseverance. Die Klänge, die der Rover aufgenommen hat, sind so unirdisch fremd und geheimnisvoll. Das brachte mich zu der Frage: Was wäre, wenn Perseverance ein Geräusch aufgenommen hätte und wir nicht wüssten, was es ist? Und was wäre, wenn wir es im Laufe unseres Lebens nie ganz herausfänden? Dieser Gedanke gefiel mir, denn einige der Rätsel der Wissenschaft bleiben lange Zeit ungelöst. Daher gibt es immer wieder viel zu entdecken.

Die größte Abweichung des Buches von den wissenschaftlichen Tatsachen ist die Rückkehr des Rovers zur Erde. Derzeit hat die NASA weder die Kapazität noch die finanziellen Mittel, um die Proben zu bergen, die der echte Rover Perseverance auf dem Mars sammelt. Es ist jedoch geplant, irgendwann eine Mission zu starten, um die Proben zur weiteren Untersuchung zur Erde zurückzubringen. Nicht geplant ist, dass Perseverance selbst zur Erde zurückkehrt. Im Moment ist das wissenschaftlich und finanziell unmöglich.

Aber die Wissenschaft entwickelt sich weiter. Sie ist eine Disziplin, die auf Tatsachen beruht, aber sie verändert sich auch ständig, weil die menschliche Vorstellungskraft und der Erfindungsreichtum immer neue Grenzen sprengen. Es hat mir so viel Spaß gemacht, mir neue Möglichkeiten für weitere Mars-Rover auszudenken, und ich liebe die Vorstellung, dass das, was ich mir ausgedacht habe, eines Tages vielleicht Wirklichkeit werden könnte.

Es gibt noch viele andere kleine Details, die von den wissenschaftlichen Fakten abweichen. Unter anderem hätte Resilience nie den Rüttel-und-Schüttel-Test durchlaufen, da nur ein Ersatz-Rover wie Journey diesem Test unterzogen wird. An ein paar weiteren Stellen im Buch hat meine Phantasie die wissenschaftlichen Fakten übersprungen, und wenn du dich mehr mit den echten Rovern beschäftigst, entdeckst du die Stellen vielleicht. Ich würde mich freuen, wenn dieses Buch deine eigene Phantasie beflügelt und dich neugierig macht, mehr über das Rover-Programm der NASA zu erfahren.

Einen Großteil des Romans habe ich im Jahr 2020 geschrieben, auf dem Höhepunkt der Pandemie. Ich war verängstigt und frustriert von der Welt, aber die Arbeit an dieser Geschichte half mir, mich an all die Schönheit und die Möglichkeiten zu erinnern, die es in unserer Welt gibt.

Ich hoffe, dieses Buch hilft auch dir, dich daran zu erinnern. Vor allem aber hoffe ich, dass du dabei erkennst, wie cool die Wissenschaft ist und wie unendlich viele Möglichkeiten der Entdeckung es gibt, wenn wir zusammenarbeiten. Wir leben in einem wunderschönen und faszinierenden Universum, das es wert ist, erforscht zu werden. Und ich bin überzeugt, dass wir uns dabei nicht nur mit wissenschaftlichen Fragen auseinandersetzen, sondern auch mit den wahrhaft großen Fragen über den Zustand der Menschheit und was es zum Beispiel bedeutet, zu fühlen, zu träumen und zu lieben.

Lassen wir also unserer Phantasie freien Lauf und erforschen und erweitern wir die Grenzen des Vorstellbaren. Denk daran: Was vor zehn Jahren unmöglich schien, ist heute möglich. Und das ist ziemlich großartig.

WER MEHR ÜBER DIE MARSROVER ERFAHREN WILL:

Website der NASA: mars.nasa.gov/mer/
National Geographic: www.nationalgeographic.org/video/mars-101/

Das Buch über die Entwicklung und den Start von Curiosity, geschrieben vom Chefingenieur:

Manning, Rob, und William L. Simon. *Mars Rover Curiosity: An Inside Account from Curiosity's Chief Engineer*. Smithsonian Books, 2014.

DANKSAGUNG

Wie immer danke ich Brenda Bowen für ihre kluge, unterstützende und beruhigende Begleitung und dafür, dass sie nicht mit der Wimper gezuckt hat, als ich ihr sagte, ich wolle über einen Mars-Rover schreiben. Mein Dank geht auch an das gesamte phantastische Team von The Book Group.

Alessandra Balzer, dies ist unser fünftes gemeinsames Buch! Kaum zu glauben, oder? Vielen Dank für deine Herzlichkeit, deinen scharfen Blick und deine schlauen Fragen, die mir immer helfen, die Geschichte herauszuarbeiten, die ich wirklich erzählen will. Es ist ein Privileg, mit dir zusammenarbeiten zu dürfen, und ich bin sehr froh darüber. Und natürlich ganz herzliche Dankesgrüße an alle bei Balzer + Bray, insbesondere an Caitlin Johnson. Es ist eine große Ehre, mein Buch bei euch veröffentlichen zu können.

Den herzlichsten Dank auch an das großartige Team vom Verlag Harper Collins, insbesondere Suzanne Murphy, Andrea Pappenheimer, Kathy Faber, Kerry Moynagh, Nellie Kurtzman, Vaishali Nayak, Patty Rosati, Taylan Salvati, Ann Dye, Katie Dutton, Stephanie Macy, Mimi Rankin, Christina Carpino, Laura Harshberger, Almeda Beynon, Jenna Stempel-Lobell und Alison Donalty. Danke für alles, was ihr für meine Bücher tut. Ich weiß das wirklich sehr zu schätzen.

Danke, Matt Rockefeller, für das wunderschöne Cover der amerikanischen Ausgabe und die entzückenden Illustrationen.

An dieser Stelle möchte ich allen Buchhändlerinnen und Buchhändlern, Bibliothekarinnen und Bibliothekaren und Pädagoginnen und Pädagogen danken, die meine Arbeit unterstützt und gefördert haben. Ihr seid zu viele, um euch alle aufzuzählen, aber ihr sollt wissen, wie dankbar ich euch bin. Danke für alles, was ihr tut, um Bücher in die Hände von Kindern zu bringen, die sie brauchen.

Ein besonderer Gruß geht an alle Windy City Readers. Ihr seid so toll, und ich liebe es, mit euch über Bücher und das Lesen zu sprechen!

Vielen Dank an Phil Bildner und das ganze wunderbare Team von Author Village.

Danke, Maddie Brock, für deine Hilfe bei meinen Social-Media-Accounts. Du bist die Beste, Maddie!

Ich habe das große Glück, von vielen Freunden unterstützt zu werden. Mein besonderer Dank gilt Alexandra Perrotti, Emery Lord, Becky Albertalli, David Arnold, Adam Silvera, Renee Sabo, Rachel Meyers, Lane West, Elysse Wagner, Kristan Hoffman, John Schu, Erica Kaufman, Kim Liggett, Kelly Lawler, Dan Lawler, Connie Smith, Kt DeLong, Whitney Greenberg, Max Johnson,

Kristina Nolan, Paul Nolan, Brittany Drehobl und Nawal Qarooni. Und ein ganz besonderes Dankeschön an Tyler West, der sein ganzes Wissen über Mars-Rover mit mir geteilt hat.

Vielen Dank an die brillante VCFA-Fakultät und ihre Studierenden. Ich empfinde es als großes Glück, zu eurer Community zu gehören.

Ganz viel Liebe an meine Familie auf beiden Seiten des Atlantiks – die Nazeks, die Wagners und die Wargas. Mein besonderer Dank gilt meiner Mutter, Patricia Anne Nazek, meinem Vater, Mohammad Nour Nazek, meinem Bruder, Brandon Khader Nazek, sowie Anna Cristina Fakler. Ich liebe euch alle so sehr.

Ich weiß, dass Tiere (wie auch Rover?!) nicht lesen können, aber es ist mir ein Bedürfnis, Scout Dog und Salcat zu danken, die mir Gesellschaft leisteten und mir Liebe und Unterstützung schenkten, während ich dieses Buch verfasste. Ich vermisse dich, Sal, und ich werde dich immer in Erinnerung behalten.

Gregory Scott Warga, Lillian Nour Warga und Juniper Lee Warga – ich liebe euch alle bis zum Mond und wieder zurück. Ihr drei seid der Grund, warum ich immer über die Liebe schreibe. Und ein besonderes Dankeschön an Junie – ohne deine Neugier und deine Phantasie würde es dieses Buch nicht geben. Danke, mein süßer Spatz!